圖解IT大全

掌握數位科技趨勢
透視未來商業模式的148個關鍵

齋藤昌義——著

陳識中——譯

前言

現在人每天都會看到「數位化」和「數位轉型」等掛著「數位」兩個字的詞彙。當然,我們大可以不變應萬變,淡然接受這時代就是這樣。但是,你真的認為自己這樣就可以了嗎?

舉個例子,請問你有辦法回答下列的問題嗎?

問題1:請問「數位」和「IT(或ICT)」有什麼不同,兩者又有什麼關係?

問題2:現在很多企業都在由上而下推動「數位轉型」,請問你認為數位轉型應該做什麼呢?

問題3:過去也發生過好幾波被稱為「IT化」和「數位化」的產業改革,請問它們跟「數位轉型」有什麼不同呢?

在現代社會,不會造車或造火車沒關係,但如果連怎麼搭車都不知道,生活就會遇到很多不便。同理,就算不會自己製作數位服務,至少也要知道如何運用它們,否則就很難擁有舒適的生活,這就是我們現在所處的時代。更別說如果你是一個從商者,被公司或客戶要求使用「數位工具」的話,那就更不能不具備數位科技的常識了。

設計系統、撰寫程式、架網路等工作,只要交給擁有專業技能的從業者就行了。然而,如果連IT供應商的提案和報價是否合理、自身使用的科技是否合適、有沒有充分發揮出這些科技的價值等最基本的常識都不知道,就無法做好工作。

用「數位素養」提升你的商業能力。

本書正是為此而誕生的。原本，「素養（literacy）」一詞指的是「閱讀理解」能力。而這裡引申為「正確理解，並懂得加以應用的能力」。因此，「數位素養」的意思是正確理解數位工具的本質、價值、角色，並能將之用於自己的工作或事業中的能力。絕對不是要你掌握系統開發的知識或技能。

具體來說，則是使你能夠做到以下幾點。

❖ 理解數位科技的必要性和重要性，以及其價值與角色
❖ 能在工作或事業中應用數位科技
❖ 懂得規劃或檢討如何將數位科技應用在工作或事業中，跟專家討論或下達指示，並驗證成果

本書以淺顯易懂的文字，搭配豐富圖表，為不具備專業知識的讀者系統性地整理了上述「數位素養」所需的知識。

即便是IT行業的從業者，也存在因為跟不上最新出現的新名詞而困擾的人。對於這樣的讀者，相信本書能幫助你整理和瀏覽當前最新的常識。

而對社會新鮮人和新進員工而言，本書將是一本能讓你系統性地學會在工作現場需要用到的各種最新IT知識的完美教科書。

如果你想要深入理解此領域中的各項科技，建議閱讀各個領域相關的專門書籍。因為本書的功能不是幫你「深入理解」，而是「廣泛認識」。同時，也希望提供各位讀者一個思考如何將數位科技應用在領域自身工作上的契機。

本書的日文初版在2015年發行。在這7年間，又配合科技和商界環境的改變做了多次修訂，如今已來到第4版。7年的時間在科技界就跟「太古」一樣遙遠。尤其是在2020年2月第3版發行後不久，日本馬上就在「新冠疫情」風暴下發布了第一次「緊急事態宣言」。以此為契機，IT趨勢的時鐘

也一口氣加速轉動。

比如，許多公司都在此次疫情下將電腦從自有設備換成雲端設備、用遠距辦公的方式進行線上會議、改用電子支付或電子化工作流以避免近距離接觸、開始在線上簽署電子契約等等，雖然上述技術早在新冠疫情之前就已經受到關注，但新冠疫情卻推動它們在短時間內一下子普及。

面對上述的社會變化，企業如果不去適應，就會失去很多商機，並流失優秀的人才。出於這樣的危機感，日本企業開始熱切關注用數位科技為商業模式帶來變革的「數位轉型」。

本書也嗅到了這樣的時代變化，為讀者更新了新的關鍵字和相關內容。同時又保留了「用一個跨頁介紹一個關鍵名詞」的基本結構，依照以下三大方針做了增補和修正。

●以數位轉型為核心，串起各種科技名詞

數位轉型是個扮演從今以後商業模式地基角色的重要概念。本書中，將鉅細靡遺地深入講解數位轉型的本質，並介紹其背後的科技和現代商業的關係。

●在俯瞰整體的同時，認識個別技術

本書除了個別介紹每個關鍵字外，也會講解各科技所屬類別（比如雲端、IoT、AI等）的整體面貌，使讀者能夠「在俯瞰整體的同時，認識個別技術」。

●關注近未來發展，預測將來的變化

本書除了「當前的焦點」外，也將追溯其發展背景的「緣由」，並探討未來還有哪些科技關鍵字可能成為新的關注焦點，並解讀將來的變化方向。

❖ 即使不懂IT，也能理解當前的IT趨勢和變化的本質

❖ 能預測IT趨勢將為自己的工作帶來何種變化

❖ 在面對商界和社會的變化時知道該如何應對

　　希望本書能幫助大家在這個數位科技跟空氣一樣自然的時代，掌握適應時代變化的商業能力。

2022年8月末日

齋藤 昌義

Contents

目次

第 3 章 為商業帶來變革的 數位轉型·········57

第 4 章 支撐數位轉型的 IT 基礎設施 ·········· 85

第 8 章　用於理解和適應複雜社會的 AI 和資料科學 ······ 243

第 9 章 開發與應用的壓倒性速度化 · · · · · · · · · · · · · 301

第 10 章 當下最應關注的科技 · · · · · · · · · · · · · · 345

第 1 章

因新冠疫情加速的
社會變化和 IT 趨勢

「社會環境日益複雜導致將來難以預測」

現在，我們正處於一個俗稱「VUCA」的環境中。VUCA是Volatility（易變性）、Uncertainty（不確定性）、Complexity（複雜性）、Ambiguity（模糊性）這4個英文字的首字母縮寫，因在2016年的達沃斯論壇（世界經濟論壇）上被提到而受到關注。如今此名詞在商界已普遍被人們使用，並成為人們在思考工作方式、組織型態、經營策略時的重要前提。而在新冠疫情中，我們也都親身體驗到了VUCA。

● Volatility（易變性）

由於科技的演進和社會常識的改變等，價值觀和社會的運作原理都急速地發生變化，使得人們難以提前擬定未來的策略。由於變化的幅度和比例都很大，人們很難預測未來的變化性。

● Uncertainty（不確定性）

英國退出歐盟、美中貿易戰、新冠疫情、烏俄戰爭等現代情勢，都是先前不可預見的狀況，使得企業和人們在決策時必須提前考慮各種風險。

● Complexity（複雜性）

一間企業或一個國家能解決的問題變得非常非常少。因為全球規模的各種變因複雜地糾纏在一起，使得問題愈來愈不容易用簡單的方式解決，變得比以前更加困難。

● Ambiguity（模糊性）

變動性、不確定性、複雜性都日益增加，導致因果關係不明且無前例可循的事件愈來愈多，讓那些基於過去經驗或成功案例的方法不再適用於這個時代。

導致VUCA時代到來的一大因素，就是資訊通訊技術的發達。現代所有資訊都能夠瞬間取得，使得可見社會的複雜性大幅增加。

在1990年代初期問世的網際網路，加速了訊息傳播的速度，並導致資訊量爆發性增加。不僅如此，網路還跟用於處理這些資訊的電腦系統融合，孕育出可作為新社會和經濟基礎的網路空間。而這個網路空間正逐漸跟現實世界合而為一，進一步加速了社會和經濟的變化，提高社會的複雜性。

VUCA便是因網路空間與現實世界的融合而誕生的。在這個時代，我們完全不知道下一秒會發生什麼事，而且事情發生後也變化得很快；即使想著手應對，決策時涉及的資訊量也非常龐大，而且各種資訊快速地變換交錯，令人不知該從何下手。

既然如此，唯一的辦法就是時時刻刻追蹤每個變化，做出當前最好的選擇，並不斷配合變化快速改進。

但光是追蹤社會的變化並持續改善，仍無法應對上述的社會變化。如果沒有更積極地主動創造並引領新市場，最終將會慢慢失去存在感。

因此，企業必須嘗試去開發以往從未考慮過的客戶和市場，挑戰從未有人做過的策略，並成為一間能夠不斷做出創新的企業。

如果不能擁有這種高速適應性，企業恐怕很難在VUCA的時代存活下來吧。

本章，我們將解說VUCA和現代商業的關係，並為讀者整理它們跟數位化和IT之間的關聯。

企業如何適應日益複雜的社會

只要能適當應對
行業內部發生的變化，
事業就能維持成長

行業
存在框架

破壞

競爭優勢
一旦建立就能
長期維持

超級競爭

不斷加速的商業環境變化，
來自異業的預期外競爭對手，
使得一項優勢的可維持期間極端縮短

必須配合市場變化
持續改變戰略

美國哥倫比亞大學商學院教授麗塔·麥奎斯在其著作《動態競爭優勢時代》（原書名：The End of Competitive Advantage，2014年10月，台版由天下雜誌出版）中論述道，面對VUCA的時代，我們長久以來對商業的2個基本概念將發生大幅改變。

第一個基本概念就是「行業存在框架」。因此只要控制了一個行業中為數不多的競爭因子，看出其動向，並建構合適的戰略，就能建立長久而穩定的商業模式，這件事長久以來一直被當成常識。單一行業內部的市場在某種程度上是可預測的，所以只要基於這個預測建立以5年為期的計畫，雖然中間可能會需要進行一點修正，但通常計畫都能達成。

另一個基本概念是「競爭優勢一旦建立就能長期維持」。一旦在一個行業中鞏固了地位，業績就能自然維持下去。接著只需以這個競爭優勢為中心來培育員工，然後分派到組織中即可。在單一競爭優勢容易長期維持的世界，想當然耳，人才只要在既有框架中提高工作效率、削減成本，維持既有優勢，就可以往上升遷。而企業只需要依循這個原則分配人才，就能獲得良好的業績。只要牢牢抓住這個競爭優勢，經常對組織和工作流程進行最佳化，就能保證事業持續成長。

而麗塔·麥奎斯認為這2個基本假設如今已不再有效。跨事業、跨行業的異業企業，正在破壞行業原有的競爭原理。舉例來說，Uber正在破壞計程車和出租車行業，而Airbnb正在破壞飯店和旅館業。Netflix和Spotify也正在破壞影片出租行業和娛樂產業。而且幾乎都是彈指之間。

「配合市場變化，持續改變戰略。」

如果不這麼做的話，企業擁有的競爭優勢轉眼之間就會消失，這種市場特性被稱為「超級競爭」。而現代商場正處於這樣的狀態中。

VUCA 時代需要的價值觀

VUCA
社會環境更複雜，難以預測將來的狀況

不知道什麼才是正確答案

壓倒性速度

一旦想法浮現就**立刻嘗試**

從結果展開討論，
更容易找到務實的解法

- ☑ 如果想法浮現後不立即採取行動，
  就會錯失機會

- ☑ 即使犯錯也沒關係，只要立刻修正錯誤，
  還是能避免受到重創

- ☑ 只要以速度為先，就能更簡單地理解事物，
  專注於本質

數位轉型的目的就是將這
個價值觀融入企業活動的
基礎

數位／IT的進化和
科技巨頭的經營戰略
全是以這個價值觀為背景

「 ＿＿ 旦想法浮現就立刻嘗試。然後根據嘗試的結果展開討論，接著馬上嘗試新的作法。」

要因應「超級競爭」的時代，找出更務實的解決方案，企業就必須具備這樣的壓倒性速度。其背後的3個理由如下。

❖ 如果想法浮現後不馬上行動，反應就會慢一拍，錯失機會

❖ 就算犯錯了，只要立刻修正錯誤，還是能避免受到重創

❖ 若追求速度，就必須更簡單地理解事物，只專注在本質上，最終有助於更精確地解決問題

若 要應對瞬息萬變的市場需求變化，以及行業中突然冒出的破壞者，就必須不斷地用最快速度找出最佳的解決方案，迅速完成決策，改變原本的行動。

商機不會一直存在。在這個瞬息萬變的時代，必須抓住每一個機會。客戶的需求一直在改變，而應對客戶需求變化的速度將左右企業的價值。競爭也不斷接踵而來。如果決策或行動太慢，就可能招來致命的結果。

I T正加速這種價值觀的實現和進化。同時，數位原住民世代創立的新企業和Google、Amazon、Apple等俗稱科技巨頭（Big Tech）的大企業，也都是這個價值觀的體現者，正運用最尖端的資訊科技，以壓倒性速度為武器，創造自己的競爭力。

第3章將要解說的數位轉型，可以說正是為了對抗那些新創企業和科技巨頭，將這個價值觀深深融入企業活動基礎的行動。

「社會環境變化緩慢，可以預測到中長期未來」的這個舊時代常識，如今已不再適用。

❝ 為什麼非得「數位」不可

物品爲主角的時代

重視組織效率和原有價值的持續提升

- ·均質的勞動力培養和管理
- ·用組織階級進行治理
- ·由規律和規則主導

將**勞力**
轉換爲事業價值

> 類比時代的業務基礎和工作方式

以服務爲主角的時代

重視個人才能和創造新價值

- ·培育通才的勞動力並提供機會
- ·願景和任務的共享／自律
- ·由前線團隊主導

將知識力
轉換成事業價值

> 數位時代的業務基礎和工作方式

由傳統常識主導的類比時代的作法，無法使企業獲得現代環境所需要的速度。依賴紙本文件和印章的商業流程，以及以實地拜訪為前提的洽商方式，是不可能快起來的。同時，以新冠疫情為契機，人與人之間的接觸受到限制，與客戶之間的關係和商業模式也面臨變革的需求。即便如今新冠疫情完全平息，恐怕這世界也不會再回到從前。

為了應對這種狀況，企業必須放下類比時代建立的商業原理，重新建立以「數位」為基礎的新模式。

所謂「重新建立」，指的不是要你維持現在的工作流程、雇用型態以及客戶關係，將人力作業的幾成換成數位作業，然後提升百分之幾的效率。而是要你使用數位工具，將速度提高數倍或數十倍，適應數位時代的社會，從根本上改變業績增長的方式、客戶關係以及工作方式。所謂的數位轉型，正是以這樣的商業模式變革為目標。

關於數位轉型的部分會在第3章詳述，其具體的定義如下。

「由於數位科技的發展，產業構造和競爭原理發生改變，若不因應此變化，事業或企業將難以存續。為了應對此困境，由企業重新定義自己的競爭環境、商業模式、組織以及體制，改變企業的文化和體質。」

換個說法，就是「變革成一間能迅速應對變化的企業」。為適應這個以數位為基礎的新社會，企業也必須使用數位工具進行應對。而要做到這點，除了做生意的方法外，包含所有牽涉其中的人們的行為習慣，還有事業宗旨與決策方法等等也必須改變。

數位轉型，就是「透過變革去適應以數位為基礎的社會」。可以說「數位」這個概念已成為人類生活和商業活動的基礎。

今非昔比的競爭原理

服務

創造商機

UX

體驗價值

☑ 非常方便

☑ 下次還想使用

☑ 獲得感動 等

◆增加粉絲
◆提高信任度
◆重複此循環

Data

資料

持續地**快速改善**與
更新來維持體驗價值

本節我們再稍微深入介紹一下「適應以數位為基礎的社會」這點。

如今我們已進入萬物都能連上網路的時代。不只是電腦和智慧型手機，汽車、家電、建築物以及其他各種設備，現在幾乎都能連接網路。透過智慧型手錶，我們甚至能讓自己的身體也連上網路（這點我們會在第7章「用資料串起萬事萬物的IoT和5G」詳述）。

在這個時代，現實世界的所有「事物」和「事件」都能即時化成資料被人們掌握。可以說我們已經進入一個所有事物都能即時生成「現實世界的數位複製體」，並上傳到網路的時代。而這個「現實世界的數位複製體」就像一個「數位化的雙胞胎」，所以又被稱為「數位雙生（Digital Twin）」。

讓我們舉開車作為例子。汽車製造商可以透過網路取得資料，知道你開的這輛車有沒有故障、你是用何種方式駕駛、在哪個操作環節上花費最多時間。即使不親自詢問車主，車商也能獲得這些資料。

而若發現車子有哪裡故障，車商可以立即通知駕駛人或車主，並透過GPS資料得知車子的位置，引導駕駛人前往附近的維修中心。而在未來，更可以切換成自動駕駛模式，直接命令車子開往維修中心。

了解駕駛人的開車習慣後，車子就能用語音建議駕駛人要如何行駛才能夠更安全且節能。又或者找出駕駛人容易出錯或難以適應的操作，尋找改善方式，修改汽車的操作軟體，並透過網路進行更新。

這種汽車就跟智慧型手機和電腦一樣，是一台「連接網路的電腦」。電腦透過軟體實現各種功能。汽車也一樣，可以透過軟體實現上述的功能或操作性。當然，畢竟是要給人乘坐的東西，所以還是不能沒有硬體，但對於現代的汽車，軟體已在功能和操作性上扮演非常重要的角色。

汽車的數位雙生就是關於汽車行駛和操作的所有資料總和。只要分析這些資料，就能得知要改善哪個功能，才能提供更舒適、安全、節能的乘車體驗。以此為基礎修改軟體，並透過網路更新，即使在購車後也能讓你的車子配合自身的駕駛習慣不斷進化，成為更舒適的交通工具。

透過軟體更新為駕駛人帶來「易駕駛性」、「安全性」、「節能性」等體驗，就能讓消費者產生「想繼續開這輛車」或者是「下次換車時也繼續選擇這個品牌」的想法。這類使用者的體驗俗稱「UX（User eXperience）」，而持續提升UX已成為現代商業的成功要件（關於UX的部分將在下一章詳細解說）。

要是在過去的時代，這種事簡直就跟做夢一樣。然而，將萬事萬物都連上網路，取得數位雙生，就能針對每個客戶提供量身打造的UX，持續提升使用體驗。

商業價值＝連接網路 × 用軟體實現功能 ×
　　　　　能夠快速持續更新UX的能力

換言之，現在已是UX決定商業價值的時代。如此一來，除了製造有吸引力的硬體外，以「連接網路」和「用軟體實現功能與操作性」為基礎的「透過更新軟體持續提高UX的能力」也將成為決定商業成敗的因素。

在智慧手機和Web服務上，這種機制早已成為一種常識。而如今許多企業正將這個常識拓展到實體商品的生意上。這稱之為「產品服務化」。

商業的主角正快速地「從產品轉移到服務」。而其背後的基礎就是網路、電腦、軟體等數位科技。因應上述的變化，對於事業的存續和成長而言是不可或缺的。

「企業必須去適應以數位為基礎的社會。」

能否做到這點，將左右企業的競爭力。

如今光是用合理的價格提供高品質產品（硬體），已經無法維持企業競爭力。第一時間利用資料掌握客戶的狀態，持續地快速改善、提升UX，才是維持競爭優勢的重要條件。

這意味著「商業的前提已然改變」，基於過去經驗的「成功法則」已不再通用。因為客戶期待或追求的價值也已經改變。諸如「這種作法成本太高」、「市場規模太小賺不了錢」等基於過去經驗的「推測」和「成見」都應該捨棄。

要應對這種狀況，光是改良既有的「成功法則」是不夠的。必須以數位為基礎，用從未有人做過的作法，從頭建立全新的「成功法則」。同時這種「創新」也是因應新時代競爭原理無法避開的一條路。

「服務為王」時代的商業結構

服務

硬體

核心價值
無論如何都要
保有的價值

服務

硬體

提供
體驗價值（UX）

軟體

可提升核心價值的價值

附加價值

產品為王的商業

商品就是有魅力的物品

服務的目的是用於
維持硬體功能或性能
而提供維修或支援等

體驗為王的商業

商品就是有魅力的UX

硬體的目的是
提供客戶使用服務的
載具或道具等

透過資料
取得使用情況的回饋，
並快速持續改善

在「商品為王」的商業中，產品的功能、性能、設計等魅力就是商品的核心價值，也就是「無論如何都要保有的價值」。而服務只是附加價值，目的是提供檢測、修理、保養等保守服務，以維持產品的魅力。以汽車為例，引擎性能和搭乘舒適度、內裝設備、設計等就是產品的核心價值，而周到迅速的檢修則是附加價值。

另一方面，在「服務為王」的商業中，服務的操作性、便利性、易上手性、感動等體驗價值，即UX才是商品的核心價值。硬體只適用於使用服務的手段，也就是工具。比如共享汽車服務，只要打開手機app就能隨時叫車，無需現金就能支付，收據或發票能直接寄到電子郵件信箱。這種「只需叫車、搭車、下車」的便捷體驗就是它的核心價值，而具備能舒服乘坐之寬敞空間的自駕車則是附加價值。

這種服務是用軟體實現的。服務使用者的行動和反應，全都會被搜集成資料回傳，而提供服務的公司會參考這些資料思考如何提升顧客的UX，進一步改善軟體。

除了修復軟體錯誤和提升便利性外，預測未來需求提供新服務，也是UX改良不可或缺的一部分。為此企業必須改善軟體，增加新功能。

在以服務為王的時代，能否持續提升UX的價值，將決定企業在商場的成敗。而軟體是實現UX的手段。換言之，服務為王的時代，也可以說是軟體為王的時代。

跟必須花費大量時間採購原料和準備生產線的「硬體製造」相比，「軟體製造」的速度快得多。同理，其他競爭對手也只需要一瞬間就能改良自家商品，提高吸引力。而比其他競爭對手更快對市場做出反應的壓倒性速度，就是競爭力的泉源。

在下一章，我們將介紹支撐未來商業的「數位」是什麼，以及「IT」又是什麼。

第 2 章

搞懂最新 IT 趨勢所需的
數位和 IT 基礎知識

數位商務、數位戰略、數位轉型等，現代人每天都能看到掛著「數位」二字的詞彙。然而，「數位」到底是什麼呢？說起來，數位化到底又有什麼價值呢？為什麼數位一詞會如此受到關注呢？還有，數位跟IT／ICT等名詞又是何種關係呢？

最近愈來愈常見到UX（User eXperience）這個詞。除此之外，還有另一個長得很像的名詞叫UI（User Interface），這兩者有什麼不一樣嗎？它們跟「數位」又是什麼關係呢？。

現在網路上每天都會冒出新詞彙。而生在這個時代的我們，也常常毫不思索就理所當然地使用這些新詞彙。然而，很多人雖然「知道這個詞」，卻「不知道它真正的意義」，在誤以為自己知道的狀態下使用著它們。

要解讀IT的最新趨勢和未來商務的本質，就必須正確理解這些詞彙。否則的話，就可能發生「明明說著相同詞彙，腦中想的卻是不同東西」或「明明想解決同一個問題，卻在爭論不同件事」這種雞同鴨講的情況。

比如，運用數位科技「提高業務效率」和「成立新事業」，這兩者都是「數位化」。但前者的作法是設定「削減3成成本」或「將交付期從10天縮短到7天」等目標，然後篩選出問題，檢討解決方案，再開發合適的系統或利用雲端服務達成目標。

然而，後者卻是要從頭啟動一項新業務，無從知曉該怎麼做才是最好的方式。因此，必須詳細討論激發靈感，將「感覺最容易成功」的想法做成系統，上線服務，再觀察使用者的反應。然後參考使用者的回饋反覆從錯誤中學習，摸索出最好的方案。

這兩者雖然同樣都叫「數位化」，但最終的目標和達成途徑完全不同。所以在英語中，前者稱為「Digitization」，後者則叫「Digitalization」，是兩個不一樣的詞。

如果在不理解兩者差異的情況下，又或是在似懂非懂的狀態下就推動「數位化戰略」或「數位商務」，結果當然不可能成功。

而且話說回來，到底為什麼必須要將類比時代的業務轉換成數位方式呢？

「數位化雖然在某些方面可以提升效率，但從整體來看效果卻不顯著，既然如此真的有必要特地花費大把金錢和時間數位化嗎？我看不出其中的意義和價值。」

有的人或許會這麼想。

數位化的根本價值，在於「層次化和抽象化」。將這個特性融入業務流程，在結果上有助於提高效率，讓組織可以靈活、快速應對變化。

還有，要在VUCA時代維持事業，光是根據可預測的未來持續改良產品是不夠的。必須以非連續式，或者說讓競爭對手無法預期的改變，從未有人做過的新方法，亦即產生「創新」，用跟過往常識截然不同的做法來應對。而「層次化和抽象化」，正是加速這種「創新」的原動力。

在本章，我們將詳細解說數位和數位化、IT／ICT、UI和UX等理解最新IT趨勢不可不知的基本概念。

數位與IT

用電腦和網路
創造的世界

網路空間
Cyber Space

離散量
（完全分散沒有中間值的量）

數位
Digital

電腦和網路所處理的資訊

ICT Information and Communication Technology
資訊與通訊技術

IT Information Technology
資訊技術

實現電腦和網路，
並加以應用的技術

數位化

透過感測器／Web／
行動裝置等
將類比資訊
轉換成數位資訊

可透過身體體驗、感受

我們生活的世界

現實世界
Physical World

連續量
（沒有分界可無限切割的量）

類比
Analog

「**數**位（Digital）」就是「離散量（完全分散沒有中間值的量）」，跟「類比（Analog）」即「連續量（沒有分界可無限切割的量）」兩者是成對的概念。這個詞源自拉丁語的「手指（Digitus）」，由「可以用手指數的」的涵義引申為離散的數或數字。

現實世界的事物全都是「類比」的。比如時間、溫度、亮度、音量等物理現象，還有搬運東西、與人交談等人類的行為，它們的資訊全部屬於類比訊號。然而，電腦無法處理類比的資訊。因此，類比訊號必須轉換成電腦看得懂的數位訊號，也就是0和1的數字組合。這個過程就叫「數位化」。

而用於實現電腦的技術，比如像是半導體、儲存裝置、感測器、通訊線路、演算法、程式語言等等，這些科技統稱為「Information Technology（IT）：資訊技術」。

雖然IT指涉的概念也包含了Communication（通訊），但也有人為了刻意強調通訊的重要性而使用「ICT（Information and Communication Technology）」一詞。這兩者的意義基本相同，但硬要分的話可以按照下面這樣區分。

❖ IT：泛指半導體和儲存設備等硬體，以及編寫程式或系統開發技術等軟體等，所有跟電腦有關的技術

❖ ICT：除上述之外，特別指涉應用通訊技術的方法或用於實現通訊技術的硬體或軟體，即以資訊傳遞為主要目的的技術

以前日本政府有些部門也曾刻意區分IT和ICT這2個詞。比如，經濟產業省要處理很多跟電腦產品及其技術的政策，所以用「IT」；而總務省主管資通產業，所以使用「ICT」。但現在兩者已經沒有明確的區別。

順帶一提，2000年日本政府提出「e-Japan」的構想，剛成立「高度情報通信網路社會形成基本法」（俗稱「IT基本法」）時，使用的是IT一詞。然而，2004年「e-Japan」構想修訂為「u-Japan」後，又改用ICT一詞。另外，由於ICT一詞已在全球普及，因此日本現在也漸漸改用ICT取代IT。

數位化的目的與 2 個定義

手段
好用、易用、快速

網路空間
數位
Digital

離散量
（完全分散沒有中間值的量）

使電腦能夠做到
原本是人類在做的事

數位化後**可以做到的事**
- ☑ 在5分鐘內完成過去需要花費1週的手續
- ☑ 得知客戶的行動（現在、在哪裡、做什麼）
- ☑ 瞬間跟其他數位服務連接
- ☑ 從龐大的資料中找出有助商業活動的規則或關係
- ☑ 業務的進度、人類的活動、商務的狀態全都即時可見

目的
自己想做什麼？

現實世界
類比
Analog

連續量
（沒有分界可無限切割的量）

以數位化**為目標**
- ☑ 提高客戶滿意度　　☑ 改善業績　　☑ 提高員工幸福感

運用數位科技解決
單靠現實世界無法解決的問題

「使電腦能夠完成原本是人類在做的事。」

這就是「數位化」的目的。舉例來說，藉由數位化，就能辦到以下這些事。

❖ 在5分鐘內完成過去需要花費1週的手續

❖ 得知客戶的行動（現在、在哪裡、做什麼）

❖ 瞬間跟其他數位服務連接

❖ 從龐大的資料中找出有助商業活動的規則或關係

❖ 業務的進度、人類的活動、商務的狀態全都即時可見

　　然而，即便能做到上面這些事，如果不以實現下列這些現實世界的價值為目標，那麼從商業的角度來看，數位化就沒有任何意義。

❖ 提高客戶滿意度

❖ 改善業績

❖ 提高員工幸福感　等等

舉例來說，若能做到「用5分鐘完成原本需要花費1週的行政手續」，客戶就會因為便利性的提升而大受感動。然後這件事很快就會口耳相傳地擴散開來，吸引更多客戶上門，繼而提升業績。

　　除此之外，掌握「客戶的行動（現在、在哪裡、做什麼）」，就能依照客戶的狀況提供服務，讓客戶得到滿足，提升業績。比如當客戶在球場觀看足球比賽，而且支持的球隊獲勝時，用手機通知推銷印有該球隊標誌的「限時限量」豪華商品，客戶說不定就會順手買下。如此一來就能提高產品銷量。

「運用數位化這個手段，實現創造商業價值的目的。」

　　在經營時，千萬要小心別在沒有明確目標的情況下，誤把「數位化」當成目標。

❝❝ IT 與數位的關係

技術力×革命力

數位

運用IT
創造價值的社會或商業 **結構**

技術力

IT (或ICT)

實現電腦或網際網路，
並加以應用的 **技術**

「IT」指的是「實現使用數位訊號的電腦或網路的技術」。比如，可快速計算大量資料的「處理器」、高頻寬可實現高速通訊的「5G（第五代移動通訊系統）」、可準確區別和辨識影像的計算方法「深度學習（deep learning）」等。

然而在日本，「數位」一詞卻脫離原本的意義，演化出了「使用IT顛覆既有常識，創造全新價值」的涵義。像是結合智慧型手機app和GPS的「共乘服務」、可以從世界任何地方參加會議的「Web會議系統」、使用5G網路傳送高解析度圖片，在缺少醫生的偏鄉地區也能提供醫療服務的「遠端醫療服務」等等。

這些服務的目的都不是要發揚IT這門「技術」，而是運用IT來改變社會和商業型態，創造新的價值。

前者著重的是科技本身，講求發揮科技的功能和性能，精通此技術的觀念、知識、技能等地「技術力」。

而對於後者，除了「技術力」之外，還需要經常探究社會和商業「應該如何變得更好」，明確知道「應該以什麼為目標」，並有足夠強大的意志力帶動他人和組織一起進來推動變革的「革命力」。

在日本，愈來愈多企業開始使用上述定義來區分這2個詞，比如明明已經有「IT部門」或「CIO（Chief Information Officer，資訊長）」的職位，卻又另外設立「數位戰略部」或「數位推進室」等冠上「數位」二字的組織和「CDO（Chief Digital Officer，數位長）」職位。

以「技術力」為重心的「IT」概念，跟使用「IT」將重心放在「革命力」的「數位」概念，兩者雖有密不可分的關係，但期許和角色卻不相同。這個差異在日本正逐漸形成共識，如果不好好區分的話，將來跟他人討論時就有可能發生雞同鴨講的情況。因此確實認識到兩者的不同，並正確地使用它們非常重要。

2 種數位化：
流程數位化與模式數位化

流程數位化	模式數位化
類比訊號→數位訊號	單純賣車→共乘／訂閱制
紙本書籍→電子書	租片→串流影片
人手複印→RPA	電話或寄信→社群網站／通訊軟體
商業流程	**商業模式**
效率化	**變革**
改善／改良／修正 削減成本或縮短交付期， 提高效率	轉換事業結構 創造全新價值
既有事物的改善	**既有事物的破壞**
提升企業活動的效率 並持續成長	創造新的客戶價值和 破壞性競爭力

中文雖然只有「數位化」一個詞，但在英語中其實分為2個詞。一個是「Digitization」，意指將類比的格式或訊號轉為數位格式；另一個「Digitalization」，指的是運用數位科技改變原有的商業流程或模式。

而本書也將「數位化」分成兩種。一種是「流程數位化」，意指使用數位技術改變商業流程，藉以提高效率或降低成本，又或是提升附加價值。

另一種是「模式數位化」，意指運用數位技術改革商業模式，創造新的利益或價值。

這兩種沒有哪個更好或更先進之分。兩種「數位化」都是必要的。然而，如果不確實區分這兩者，又或者搞不清楚這兩種概念有何不同，那就不應該隨意推動數位化。

流程數位化是「既有事物的改善」，是以提高企業活動效率，使業務持續成長為目的的數位化。而模式數位化是「既有事物的破壞」，是以創造新的客戶價值，建立巨大差異化和競爭優勢為目的的數位化。

如果推動的是前者，那麼做法應該是設定「將成本削減30%」或「將交付期從10天縮短到5天」等具體目標，再思考達成此目標的手段。必須基於現狀訂定明確的營收或獲利目標，找出阻礙此目標的課題，明確解決方案、建立計畫，並用數據來管理成果。

另一方面，後者則是「不實際做下去不知道會有什麼結果」，所以只能反覆從錯誤中學習，找出正確的解法。因此，必須打造一個能讓員工跟自家公司以外的人建立連結的「據點」來提高多樣性，或是建立一個能允許員工犯錯，帶著好奇心和玩心嘗試並從錯中學習的組織。制定的目標也將是支持客戶或開拓新市場。

前者是以保有既有事物為前提去設定目標、採取行動。而後者必須擺脫既有事物，發現新的做法。你該做的不是固執於其中一種，而應依照自己公司的經營狀況和經營戰略，靈活地應用兩者。

為什麼非數位化不可？

抽象

可自由搭配
用於各種料理

只能用來
煮咖哩

具體

咖哩

```
010110
100101
010110
100101
```

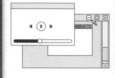

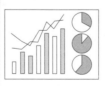

個別業務

因業務內容而異的複雜作業流程

電腦硬體
處理器 儲存裝置 網路等

OS
Windows Linux MacOS 等

中間軟體
資料庫 驗證基礎架構 通訊控制等

應用程式
業務流程專用的程式

銷售管理	生產管理	會計管理

數位化的根本價值，在於引進「層次化」和「抽象化」這2個特性。正如前一章所述，要因應「超級競爭」，就必須擁有壓倒性地的高速。這裡的「速度」，指的是迅速適應社會環境和客戶需求的變化。要做到這點，就必須迅速進行經營決策，以及能夠隨時改變的靈活業務流程。而數位化便是實現上述條件的基礎。

打個比方，咖哩粉只能調出咖哩的香氣和味道，但咖哩的香氣和味道不一定要咖哩粉，只要用小茴香、牛至、薑黃的香料組合就能調出來。不過光是這樣還缺少辣味，所以想吃辣的話可以再加入紅辣椒，想增加濃郁感的話可以加入小荳蔻，自由運用不同香料來靈活地調整。同時，跟其他香料組合後，也能製作出完全不同於咖哩的料理。

由此可見，將基本元素抽象化後，只要改變這些元素的組合，就能發揮出各種不同的應用方式。

而數位化就像是把咖哩粉分解成個別的香料，可以分解業務的功能，再將業務的作業流程層次化。比如左圖所示，最下面的應用程式是針對特定的業務流程而設計；而更上一層的中間軟體負責資料管理和身分驗證等不同應用程式都會用到的功能；然後再上一層的OS又提供通訊和儲存等用來操作電腦硬體的功能。至於最上層的電腦硬體，則負責用0和1的語言處理所有資訊，因此不論下層送來何種需求都能處理。

「銷售管理」、「生產管理」、「會計管理」等系統就像是現成的料理，像是「咖哩」、「牛肉燴飯」、「馬鈴薯燉肉」。而這些料理的共通點是都會用到牛肉和洋蔥等食材，以及都要經過切塊、燉煮等手續。只要稍微換一下調味方式，就能變成不同的料理。像這樣將事物抽象化後，就能直接沿用相同的食材和調理方式，透過新的食材或調理組合，迅速配合家人的要求變換菜色，靈活、快速地做出新菜餚。

將這種特性引入業務和企業經營，就是數位化的真諦。

如何實現層次化和抽象化

針對業務負責人或
業務內容最佳化。
欠缺對變化的
反應力和靈活性

透過層次化和
抽象化,
使層級和組織元素
可以靈活/迅速地重組

抽象

具體

ERP 套裝軟體

資料庫

共同資料庫應用系統

共同業務系統

為每項業務分配
一個管理者的
縱向分層組織

個別業務應用程式

具體

只用類比手段解決業務問題時，非常依賴各項業務負責人的個人經驗和知識，或是負責人所屬的組織機能與權限。在社會變化速度較為緩慢的時代，確實可以透過多年經驗的累積，運用高度最佳化的個人知識、技能以及組織功能，有效解決問題。

然而，在這個變化速度極快，也難以預測將來的時代，像這樣針對個體最佳化或屬人化的機制，出於以下幾點，欠缺足以應對變化的靈活性和反應力。

❖ 業務之間的溝通相當耗費時間

❖ 很難改變已定下的組織結構

❖ 很難嘗試新的業務內容或流程組合來因應變化

因此才需要將業務流程數位化，改善此狀況。舉例來說，最下層是針對個別業務設計的應用程式，用來應對每個業務都不一樣的複雜流程。其上是共同業務系統，負責個別應用程式共通的資料管理、身分驗證、溝通等功能。再上面是資料應用系統，可管理、應用各業務處理的資料。最上層是統一資料庫，管理0和1的位元資料。

像這樣愈往上層就愈抽象化，因而不會對特定的應用程式產生依賴，可以自由且靈活地組合不同元素。

建立上述的結構後，「客戶資料」就能儲存在最上層的統一資料庫中，讓銷售系統、物流系統、會計系統等各個不同的應用程式取用。同時，運用軟體重新組合這些經過抽象化的元素，即可馬上應對新的業務。活用這種特性，就能讓組織獲得應對變化的靈活性與反應力。

ERP套裝軟體，就像是用來將業務流程「層次化和抽象化」的雛型。盡可能利用別人做好的現成雛型節省勞力，應用到業務上，讓業務本身配合既有雛型進行改造，可以說是一種最快享受數位化恩惠的捷徑。

解構／重構／強化

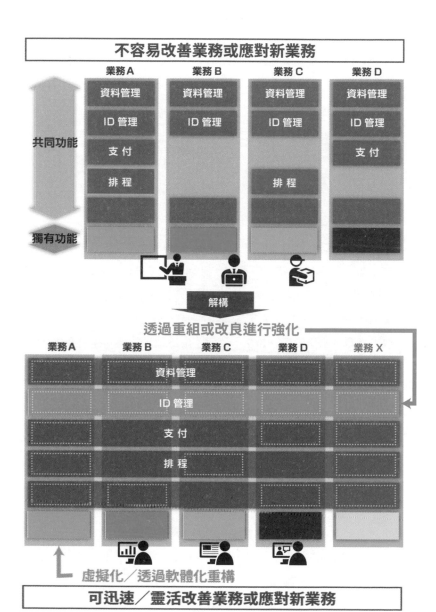

不容易改善業務或應對新業務

業務 A	業務 B	業務 C	業務 D
資料管理	資料管理	資料管理	資料管理
ID 管理	ID 管理	ID 管理	ID 管理
支 付			支 付
排 程		排 程	

共同功能

獨有功能

解構

透過重組或改良進行強化

業務 A	業務 B	業務 C	業務 D	業務 X
	資料管理			
	ID 管理			
	支 付			
	排 程			

虛擬化／透過軟體化重構

可迅速／靈活改善業務或應對新業務

44

本節我們再更詳細說明一下「層次化和抽象化」。

如前所述，針對每個業務最佳化的組織或業務流程，欠缺變化的靈活性。然而，大多數舊有的業務系統都是為了經過個體最佳化的組織和業務流程所打造的。因此，這些系統很難應對業務環境或客戶需求的變化。於是，我們要把各個業務系統中共同的資料管理和支付等功能整合起來，變成一個可供個別系統取用的共用功能，這就叫「解構」。

然而，單靠大家共用的功能，仍無法滿足個別業務的需求，所以得另外建構各個系統基本所需的獨立功能。而將這兩類功能結合起來，實現個別的業務系統，就叫做「重構」。

當組織不得不從頭建立一個新的業務系統時，首先，要從共同功能中找出能直接沿用的功能。然後，再來編寫無法透過共同功能實現的功能，將它們組合起來，實現新的業務系統。

如此一來，當之後需要使用最新的ID管理功能來強化安全性時，只需要替換共同功能層，其他業務系統就能直接使用。這叫做「強化」。

由此可見，將業務拆分成「共同功能」和「獨有功能」，再重新組合它們來實現業務系統，就能迅速、靈活地改善業務或應對新業務。。

近年很多雲端服務都有提供這些共同功能層的功能。不僅如此，也有廠商推出了能輕鬆製作獨立功能的系統開發工具或雲端服務。

由於業務系統的最終目的是為了使「提高營收或利潤」之類的「商業目標能順利達成」，因此對於搭建伺服器和網路、撰寫程式這種無法創造附加價值的工作，投入的成本當然是愈低愈好。同時，要實現壓倒性速度，就必須能夠快速地改變業務流程和功能。既然如此，盡可能透過無需撰寫程式的方式來達成商業目的，才是更務實的解決方案。所以透過數位化實現業務的「層次化和抽象化」，是未來商務不可或缺的基礎建設。

「創新」和「發明」的不同

☑ 容許失敗的文化
☑ 將權限下放給第一線
☑ 迅速的決策

創新
Innovation
找出未曾有過的全新組合
創造新的價值

快速的嘗試犯錯
回饋與更新

發明
Invention
創造過去沒有的新「事物／概念」
產生新的價值

小心地嘗試犯錯
知識的累積／靈感／洞察

數位化非常有助於加速創新。

「創新（innovation）」在日本又被翻譯為「技術革新」，跟「發明（invention）」是2個不同的概念，原本的意義如下。

「活用新技術、新點子，化為產品、服務、模式投入市場，且被消費者接受，為企業帶來獲利，讓社會得以享受全新價值的概念。」

日本在1958年的《經濟白書》首次將創新定義為只限技術領域的「技術革新」。當時的日本經濟仍在發展途中，因此非常重視技術的革新或改良，或許是受到這點影響，社會普遍認為經濟發展是技術成長帶來的成果。然而，對於如今已進入成熟期的日本經濟，這種只局限在技術面的理解方式，或許反而妨礙了新的創新誕生。

Innovation 一詞的語源可以追溯到15世紀的拉丁語innovatio。In是「向內」，nova是「新的」的意思，結合起來似乎有將新事物吸收進來的意義。

但真正為「創新」賦予上述定義的人，是20世紀前半葉的經濟學家熊彼得。他在1912年出版的《經濟發展理論》一作中，將創新解釋為「新組合（neue Kombination／new Combination）」，並分成以下5個類型。

❖ 生產新的財貨（生產面創新）

❖ 引進新的生產方法（流程面創新）

❖ 開拓新的銷售市場（市場面創新）

❖ 取得新的進貨管道（供應鏈創新）

❖ 實現新的組織（組織創新）

他認為所謂的創新，指的是透過新的「組合」來實現以上5種變革，而創新可以創造新的價值，並推動新價值在社會上的應用與普及，是一個創造新社會價格的過程。

創新與數位化

創新 Innovation

找出過去未曾有過的新組合
創造新價值

快速的嘗試錯誤
回饋與更新

數位科技 Digital

快速驗證各種不同組合
層次化／抽象化的元素

熊 彼得認為「創新是一種創造性的破壞」，並以工業革命時代的「鐵路」為典型例證，說出了以下名言。

「把再多輛馬車加起來也不會變成鐵路。」

換言之，「鐵路」的創新不只是用更強大的蒸汽機取代馬車的馬力，而是把前者跟載貨車廂或載客車廂連起來，形成「新組合」。透過這個組合，鐵路破壞了傳統驛馬車組成的交通網，形成了新的鐵路網。

而這個概念所使用的每一種技術元素都不是新東西。比如，載貨車廂和載客車廂原本就是馬車的元素，而蒸汽機早在鐵路問世的40年前就已被發明。換言之，創新不是發明，而是創造過去未曾出現過的「新組合」。

然而，並非所有的「新組合」都會創造新的價值。必須迅速反覆地嘗試犯錯，取得第一線的回饋，並立即進行改進，才能找到真正的創新。而數位化帶來的「層次化和抽象化」，可以讓前述的組合與元素替換變得更容易。換言之，數位化有助加速創新。

這 點不只適用於軟體性質的網路服務。即使在製造業，數位化也同樣會加速創新。

製造業有一種產品開發方法叫「基於模型的設計（Model-Based Design, MDB）」。也就是為預計要生產的產品建立數值模型，在實際投入生產之前先運用電腦進行模擬，反覆進行嘗試犯錯，找出最合適的產品形狀和功能。

以汽車研發為例，MDB可以在電腦上測試引擎和方向盤，也能進行結構的測試或性能試驗。

由於這些測試都不需要實際做出樣品，所以幾乎沒有金錢和時間成本。因此可以快速進行大量嘗試並放心犯錯。等到感覺做出不錯的設計後，再實際製作樣品來驗證。

透過這樣反覆循環，既能提高產品功能和品質，還能加快設計研發的速度，又能降低成本。同時，也有助於加速創新。

" UI 和 UX 是什麼？

UI
連接人與數位科技的窗口
User Interface

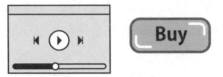 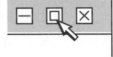

☑ 可立刻理解　☑ 容易使用　☑ 清晰明確　等等

UX
人跟數位科技連接時的體驗
User eXperience

☑ 非常方便　☑ 下次還想用　☑ 好感動　等等

一如前章的說明，當數位科技普及後，「商務的主角將從產品轉為服務」。而決定「服務」價值的2大重要關鍵，就是UI和UX。

UI（User Interface）就是「連接人與數位科技的窗口」。舉個例子，在畫面上顯示 個紅色的圓圈，圓中央放一個朝右的三角形，則任何人看到都會認為這是影片的播放鍵，不由自主地點擊它。而看到方形框框的右邊有一個放大鏡圖標，多數人都會直覺想到這是一個搜尋框，會嘗試在框內輸入關鍵字後點擊放大鏡圖標。看到畫面上有一個寫著「詳細」二字的立體圖標，大家都能馬上理解只要點擊這裡就能顯示詳細資訊。

　　UI的功能就像上面舉例的那樣，提供了人們運用數位科技的窗口。同時，UI也必須滿足「可立刻理解」、「容易使用」、「清晰明確」等條件。

UX（User eXperience）則是「人與數位科技連接時的體驗」。比如在過去，智慧型手機為了防止被他人隨便使用，都必須在鎖定畫面輸入只有持有者知道的文字或數字組合才能打開。後來指紋辨識功能出現，我們只需用手指按一下，手機就能立刻判斷使用者是不是本人。而現在許多機型更只需看一下前鏡頭，手機就能辨識是不是持有者的臉，自動解鎖畫面。相信在這項功能問世之初，不少人都對其便利性感到驚嘆。

從密碼到指紋辨識，再到臉部辨識，UI不斷朝著更簡易和便利的方向進化。而每次進化都讓我們產生「好方便」、「好想用」、「好感動」的感受，擁有更好的體驗。而這個體驗就叫UX。

　　「體驗」本身來自人類的感性。因此，UX必須站在人類使用者的視角，仔細思考要怎樣才能讓人產生感動或喜悅，並找出能實踐它的機制。而數位科技就是實現這點的手段，UI則是這個手段的具體呈現。

UI 與 UX 的關係

UI 連接人與數位科技的窗口
User Interface

× 不好的 UI

| 下一頁 | 返回 |

○ 好的 UI

| 返回 | 下一頁 |

☑ 可立刻理解　☑ 容易使用　☑ 清晰明確　等等

UX 人跟數位科技連接時的體驗
User eXperience

× 不好的 UI
無法一眼看出
這是番茄醬

× 不好的 UX
瓶口易弄髒，
剩下一點點時很難倒

○ 好的 UI
一眼就能看出是
番茄醬

× 不好的 UX
瓶口易弄髒，
剩下一點點時很難倒

○ 好的 UI
一眼就能看出是
番茄醬

○ 好的 UX
瓶口不易弄髒，
容易全部倒完

☑ 非常方便　☑ 下次還想用　☑ 好感動　等等

為加深各位的理解，本節我們來看看UI和UX的不良範例。

首先是UI，舉例來說，在橫式排版的畫面上若把「下一頁」按鈕放在左邊，不僅感覺很不協調，也很容易讓人點錯。這是因為「上一頁」在左，「下一頁」在右的常識已經深植於大部分人心中。在杯子上加上握把，任何人一看就知道要抓那裡。在紅色圓圈上放一個向右的三角形，多數人都會聯想到影片的播放鍵。像這種不需要特別解釋就能讓人「看懂」的設計，就可以說是好的UI。

至於UX，我們可以用番茄醬作為例子。如果把番茄醬裝在藍色的瓶子裡，我想你應該沒辦法一眼就意識到這是一瓶番茄醬吧。必須看到標籤上寫著「番茄醬」3個字之後，才會心裡滿是疙瘩地理解這是番茄醬。這就是不好的UI。另外，假如這瓶番茄醬還是用傳統的旋轉式瓶蓋，使用時必須把瓶子倒過來倒，而且是瓶口太大，很容易一不小心倒太多的類型。這種瓶子的番茄醬很容易沾在瓶口上，在開關蓋子時弄得黏噠噠，非常不好用。這便是不好的UX。

若把相同類型的瓶子換成和番茄醬同樣是紅色的包裝，就能讓人一眼看出這是「番茄醬」，此時我們就改善了它的UI。然而，因為瓶子的形狀沒變，所以UX也沒有改變。

相反地，市面上還有另一種使用有彈性的塑膠瓶身，且使用又大又平的扣蓋式瓶蓋，彷彿倒放才是「正常擺法」的番茄醬。這種番茄醬的開口很小，只要輕輕擠壓瓶身，就能穩定擠出所需的量，也不會弄髒瓶口，又能輕鬆把最後剩下的那一點擠出來，UI和UX都得到提升。

IT服務也是同理。就算服務提供者在UI上花再多心力，想盡辦法讓介面簡單易懂，使用者也不見得一定會滿意。除非徹底思考使用者到底想從這個服務得到什麼，並滿足他們的期望，讓使用者由衷感到愉快、有用、下次還想用，否則使用者最終一定會離你而去。而站在使用者的角度，力圖滿足使用者的需求，就是UX的概念。

被捲入數位漩渦的商業世界

可數位化 的東西
全部都將被數位化

數位化的
範圍擴大

數位漩渦
Digital Vortex

UX
User eXperience
提供體驗／
感受性的價值

無法數位化的事物將變得
更有價值

　　如前章所述，商業世界的主角正逐漸從產品轉移到服務。在產品為王的時代，產品的魅力，亦即產品的功能、性能、品質、設計左右了企業的營收。然而，在服務為王的時代，顧客的體驗或感受性價值，亦即UX的魅力，將取代產品左右企業的營收。

服務是一種隨時都能輕鬆取得，也隨時都能輕鬆拋棄的東西。它不像產品那樣會讓人出於「反正買都買了就用下去吧」或「我已經有這個東西了」的理由而捨不得換購。

　　同時，跟產品相比，服務的市場進入門檻較低，只要想到一個有吸引力的點子，任何人都能輕易進入市場，來自不同領域的企業都能不受行業框架或常識束縛，成為意想不到的競爭對手。而且這些競爭對手的速度往往快得驚人。

　　你的公司必須在這場競爭中取勝。為此，服務的內容和功能自不用說，UX也必須持續改善，配合客戶狀態的變化細微地調整，確保自家的服務總是具有吸引力。

　　一旦其他對手成功推出有魅力的服務，口碑想必很快就會傳開來，一下子超越你。要對抗這些強敵，就不得不以最快的速度掌握顧客的狀態和需求，用比競爭對手更快的速度迅速地持續改良UX。

Facebook和Google、雅虎、Mercari等服務之所以能持續抓住日本消費者的心，就是因為它們能夠快速地掌握第一線和客戶狀態的資料，將能快速改善UX的壓倒性速度根植在企業或組織文化中。

　　瑞士知名商學院「IMD」的邁克・韋德（Michael Wade）曾提出「數位漩渦（Digital Vortex）」的概念。他認為數位化的領域只會不斷擴張，就像漩渦一樣會將社會和商業統統吸進去。另一方面，數位化也讓「體驗／感受性價值＝UX」變得愈來愈重要。

　　若基於「數位漩渦」的概念來思考未來的商業型態，可以推導出「數位化領域的擴張」和「體驗／感受性價值的供應」2種可能性。

●數位化的範圍擴大

　　自動化將會拓展到所有行業和工作上，同時大部分的業務和日常生活都會線上化。包含產品故障的預測與檢測、決策等，愈來愈多工作都能利用機器學習在不需要人力介入的情況下完成。線上會議和無紙化的趨勢，也因這次的新冠疫情而一口氣推展開來。

●提供體驗／感受性的價值

　　另一方面，「無法數位化的事物」將變得更有價值。其中，最具代表的就是藝術和創作領域。音樂、繪畫、文字、設計、動畫及遊戲等，它們的表現方式雖然可以數位化，但其根源來自人類之間的體驗和感受。另外，像是照護與看護、風俗產業、文藝表演、賽馬、小鋼珠等招待性、娛樂性、賭博活動，具有能提供體驗或感受的價值，在未來也不會消失。不如說它們的存在只會增加，且變得更加突出。

　　還有，相信很多人即使訂閱了Spotify來聽音樂，也還是會特地買票去欣賞鍾愛音樂家的現場表演。即便能用Google Arts & Culture欣賞全球美術館中的藝術品，多數人應該也還是會想前往羅浮宮，親眼一睹它們的真容。

　　從結果來說，數位化反而增加了體驗和感受的重要性，為那些特別的行為和存在賦予新的價值。

　　換言之「數位漩渦」將同時加速「數位化的範圍擴大」與「提供體驗／感受性的價值」。

　　而數位轉型讓企業變成一個能自然做到這2件事的組織。在下一章，我們將詳細說明什麼是數位轉型。

第 3 章

為商業帶來變革的
數位轉型

「來進行數位轉型吧！」

假設某企業的老闆有一天突然向屬下下達這樣的命令。在聽到這句話後，有的人腦中想到的可能是「使用新的數位科技來成立新事業」，另一些人想到的可能是「使用數位科技來提高工作效率」。而從事IT相關工作的員工，理解的可能是「把自家公司的系統轉移到雲端」。甚至也可能有些人單純理解為「不管什麼都行，只要使用數位科技就可以了」。到底哪些才是正確的呢？

然而，上述的這些做法，其實早在「數位轉型」一詞出現前就持續在推動了。當時人們稱之為「數位化」或「IT化」。那麼，它們跟「數位轉型」又有何不同呢？

當然，「數位化」及「IT化」跟「數位轉型」並非毫無關係，但只要回溯數位轉型的歷史脈絡，就會知道它們並不能畫上等號。

這點可以從數位轉型（Digital Transformation）的縮寫是「DX」而非「DT」看出一二。其實，這個縮寫恰恰表達了數位轉型的本質。「Trans」原本就有「交叉」、「超越」、「前往對面」的意義。而「X」正是取自這個意象。將它跟「formation」組合後，表達的便是「改變形狀」，即「變革」之意。

用「DX」來表達「變革」，是把原本是表音文字的英文字母當成中文這種表意文字來使用。之所以刻意使用「X」，可以說就是要強調「變革」這件事。

換言之，「DX」這個縮寫的意義就是「用數位科技為商業帶來變革」。其中「數位」既是變革的前提，也是手段。因此數位轉型的目的，不是「使用數位科技」，而是「為商業帶來變革」。

我們如今正處於一個VUCA，即「變化很快、難以預測」的時代。而支撐現代社會的，乃是網路、雲端、智慧型手機、IoT等數位科技。要應對這個以數位為基礎的社會，就必須改變類比時代的工作方式，以數位為基礎從頭改造。然後獲得壓倒性的速度，變成一個「可迅速應對變化的企業＝敏捷企業」。

為此，使用數位科技自不用說，在企業內工作的人們的行為模式和組織型態也必須能夠迅速應對變化。換言之，企業必須轉移成扁平化組織，開放資訊共享，將權限大幅下放給自律的第一線團隊，並增加僱用制度和工作風格的多樣性，讓每個員工都能發揮出最好的表現。

一如在第2章說明過的，只是使用數位技術「提高業務效率（流程數位化）」或「改革既有的營利方式創造全新的商業模式（模式數位化）」，仍停留在「數位化」的範疇。

真正的數位轉型，是把「數位化」當成手段來改革組織，打造出能適應VUCA時代的企業文化或環境。

那麼，本章就讓我們一起來深入了解數位轉型的內涵吧。

❝ 數位轉型是什麼

3

數位轉型作為社會現象

數位轉型

2004年，瑞典奧默大學的教授
埃里克·斯托爾特曼提出的概念

IT的滲透使人類生活的
所有方面都發生良性變化

數位商業轉型

2010年，由麥克·韋德等學者提出的概念

運用數位科技和數位商業模式
改變組織、提高業績

數位轉型作為商業改革

日本經濟產業省定義的
數位轉型

2018年，日本經濟產業省公布的定義

企業因應商業環境的劇烈變化，應用資料或數位科技，以
客戶或社會需求為本，改革產品、服務或商業模式，以及
業務本身、組織、流程、企業文化和風氣，建立競爭優勢

斯托爾特曼所定義的作為社會現象的數位轉型，跟本書
所指的作為商業改革的數位轉型，並非完全相同的概念

●斯托爾特曼提出的數位轉型定義

「數位科技（IT）的滲透，使人類生活的所有方面都發生良性變化。」

數位轉型是2004年瑞典奧默大學的埃里克・斯托爾特曼教授等人所提出的概念，上述即為其內涵。2004年正是Facebook問世的那年。而在日本，也同樣是mixi開始營運的年份。

當時在日本的網際網路使用人數已達到7,948萬人（人口普及率62.3%），1990年代問世的網際網路正開始逐漸被社會接受。同時，該年也是Web2.0（資訊的發信者和接收者流動化，任何人都能通過網站自由傳播資訊）一詞問世的年份。換言之，那時正逢網際網路可能將為接下來的社會帶來巨大影響的年代。

在定義了數位轉型的這篇論文中，斯托爾特曼等人認為「數位科技的發達，將改善群眾的生活」，而研究者有必要建立一個新的研究方法，來正確地分析、討論這個變化。與此同時，這幾位教授也提及了商業和IT的關係，認為企業在引進IT時，會經歷以下3個階段。

❖ 1.使事業的業績和對象範圍從根本上發生變化
❖ 2.科技和現實慢慢融合連結，發生變化
❖ 3.使人們的生活朝更好的方向變化

由此可見，數位轉型原本是學術用語，被用於指涉未來將要發生的「社會現象」。

● 數位商業轉型的登場

「數位科技的進步將改變產業結構和競爭原理，若不加以因應，企業或事業將難以存續。」

2007年，開啟智慧型手機時代的iPhone問世。以此趨勢為起始點，各種網路服務開始急速普及。也正是在這個時期，有鑑於當時的變化，高德納諮詢公司、IDC與任職於IMD的麥克・韋德教授等人提出了「數

位商業轉型」的概念，並給出了上述解釋。跟斯托爾特曼等人所說的數位轉型不同，韋德認為「企業必須進行商業改革，才能適應以數位為基礎的社會」。

他們主張以數位科技為主體積極改造商務的必要性，並提出警示，認為無法應對這個變化的事業將難以存續。換言之，在數位科技只會不斷進步的前提下，企業必須徹底改變競爭環境、商業模式、組織與體制，同時改革文化和風氣。簡單來說，韋德所說的數位轉型是一種「商業改革」。

關於這個「數位商業轉型」的概念，麥克・韋德等人在其著作《Orchestrating Transformation: How to Deliver Winning Performance with a Connected Approach to Change（協調轉型：如何透過互聯的變革方法創造致勝績效）》中是如此解釋的：

「運用數位科技和數位商業模式改變組織，改善業績。」

在這本書中，他們還認為：

「數位商業轉型除了科技之外，還跟其他很多事物相關。」

無論使用多麼優秀、多麼先進的科技，若不改變組織的型態、商務流程、人員的觀念和行動模式，將它們改造成能善用科技的型態，就不可能達成「改善業績」的目標。

2018年日本經濟產業省公布的「數位轉型指引」，便承襲了這個「數位商業轉型」的解釋，做了如下定義。

「企業因應商業環境的劇烈變化，應用資料或數位科技，以客戶或社會需求為本，改革產品、服務或商業模式，以及業務本身、組織、流程、企業文化和風氣，建立競爭優勢。」

同時，經濟產業省使用了「數位轉型」來指稱上述定義。這個定義不是斯托爾特曼說的數位轉型，而是「數位商業轉型」定義的延伸。只不過文中是直接用數位轉型一詞，還請務必留意。

換言之，我們平常在商務中講的「數位轉型」，都是「數位商業轉

型」。而本書除非有特別解釋，否則也一律採用「數位商業轉型」的定義。

●我們「現在所說」的數位轉型定義

而若整理現在我們提到數位轉型時，背後想表達的真正意涵，則會變成下面這樣。

「由於數位科技的進步，產業結構和競爭原理發生改變，若不能迅速應對此變化，事業或企業將難以存續。因此，企業必須重新定義自己的競爭環境、商業模式、組織和體制，改革企業文化或體質。」

簡而言之，就是「成為一間能迅速應對變化（敏捷）的企業」。為此必須「改革商務－數位轉型」，而數位轉型的基礎則是數位科技。

而「以數位為基礎」的概念，又可以從「社會」和「事業」2個角度來理解。

●社會的角度

現代人幾乎人手一支智慧型手機，並透過網路來購物、預定旅館、叫車，還能用地圖服務查看目的地的位置和導航，並用LINE通知朋友自己幾點會到。可以說這個社會完全是「因為有數位科技才能運作」。如果跟不上這個新時代社會的常識，事業將難以成長也難以存續。

●事業的角度

要應對「以數位為基礎」的社會，自家的事業也必須使用數位科技來適應上述的社會常識。否則就會被顧客拋棄，失去獲利機會。若不能積極地打造以數位為基礎的新商業模式，事業將難以成長也難以存續。

要應對這個「瞬息萬變」、「未來難測」、「沒有正解」的VUCA環境，就必須站在上述的2個角度，推動「以數位為基礎」的商業改革，而這便是「數位轉型」。

❝ 數位轉型的 3 種解釋

活用數位科技

使用數位科技，
提升業務效率和便利性

RPA、線上會議、線上計算開銷、網路購物、
商務通訊軟體、電子支付等

使用新的數位科技，
推動新事業來貢獻業績

活用智慧型手機或穿戴裝置等行動資料、
利用AI自動化生產流程等

平時就能持續推動
企業活動的根基

以數位科技爲基礎，
改革企業文化或風氣，貢獻業績

商務流程的數位化與商務現場的可視化、
將權力大幅下放給第一線、建立員工的心理安全性等

數位轉型

統整目前世間對數位轉型的詮釋和理解，大致可以歸納成下面3種解釋。

●提升業務效率和便利性：使用數位科技，提升業務效率和便利性

使用RPA、線上會議、線上計算開銷、網路購物、商務通訊軟體、電子支付等數位工具，提高業務的效率和便利性。

使用這類工具若要發揮成效，最好重新審視業務流程，消除不合理或多餘的業務，並建立能充分檢驗成效的標準；即便跳過這個過程，應該也能獲得一定的成效（只不過大概很難有更多的改善）。因此，如果只想看到成效且不在意速度的話，這的確能說是一種數位轉型。

●用新事業貢獻業績：使用新的數位科技，推動新事業來貢獻業績

比如活用智慧型手機或穿戴裝置收集到的行動資料、利用AI自動化生產過程等等，使用新的數位科技，推動過去不曾有過的新事業或商業流程。

因為做的事情很新穎，所以可獲得組織內外的關注。但是，比起使用新數位科技，若是真的想在業績上做出成果，更重要的是能否精準找出顧客的痛點和需求，然後建立合適的商業模式和UX。

不過，由於新數位科技對不熟悉該技術的人們來說就像魔法，因此若將之稱為數位轉型，將會非常有說服力。

●改革成敏捷企業：以數位科技為基礎，改革企業文化或風氣，貢獻業績

　　「提升業務效率和便利性」與「建立新事業貢獻業績」，對事業的維持和成長都是不可或缺的一環。然而，在不確定性成為一種常態的現代，企業必須時常地、持續地、而且以「壓倒性速度」重複這2件事。

　　換言之，企業必須如前一節說的「主動從頭改造競爭環境、商業模式、組織和體制，改革企業的文化或體質」。

　　高德納公司和麥克‧韋德等人提倡的「數位商業轉型」，同時也是本書想談的「數位轉型」，指的正是這件事。

　　其實上述解釋都沒錯。然而，能在最大範圍且持續為企業帶來價值的，應是第3種解釋。若硬要整合以上3種解釋，可以得出以下幾點結論。

❖ 數位轉型就是「以數位為基礎，將企業改造成可以迅速應對變化（敏捷）」

❖ 這意味著企業必須改變風氣和文化，將「提升業務效率和便利性」和「建立新事業貢獻業績」變成家常便飯，並且可以持續反覆進行的企業活動

❖ 如此一來，就能應對「社會環境日益複雜且難以預測未來的狀況（＝VUCA）」，使事業存續並維持成長

　　以「在未來維持事業的存續和成長」為目的，並以高速反覆「提升業務效率和便利性」與「建立新事業貢獻業績」為手段，將企業改造為一個能如家常便飯般做到這件事的組織，就是「數位轉型」。

數位轉型與企業目的

受 新冠疫情的影響,不論我們願不願意,「VUCA」已逐漸成為現實。即便是新冠疫情結束後,相信「VUCA」也會繼續成為社會的「常態」。在這樣的時代,只知道追逐利益的企業是活不去的。

正如彼得‧杜拉克所言,「實現社會性目的,滿足社會、社群、乃至個人的需求」,亦即「追求利他的存在意義(目的),用事業回饋社會」才是企業的使命。

不論社會環境如何快速變化、數位科技如何高速發展,若不反思自己的存在意義,配合時代持續更新自己的商業模式,事業或企業將難以存續下去。

Purpose beyond profit(企業的存在意義比利益更重要)

這 是IIRC(International Integrated Reporting Council/國際整合性報導委員會)2018年的報告書標題。這個標題或許可以解讀為「利益是企業追求自身存在意義帶來的結果」吧。

企業追求獲利是理所當然的,但在「VUCA成為常態」的時代,跟以前一樣的做法很快就會失效。正因為如此,企業只能持續反思自身的存在目的,並配合時代改變商業模式。所謂的利益,應該理解成企業貫徹自身目的,並動態改變做法所帶來的結果。

‧數位轉型,是以數位為基礎,貫徹企業存在意義的策略

我 們或許也可以這樣解釋數位轉型。在這個時代,我們已經不可能慢慢觀察世界的變化,然後花費大把時間建立應對的計劃。所以,企業必須獲得能迅速因應變化,持續動態地改變商業模式的能力。而以數位科技為基礎,尋找應對變化的策略,或許就是數位轉型的本質。

網宇實體系統和數位轉型

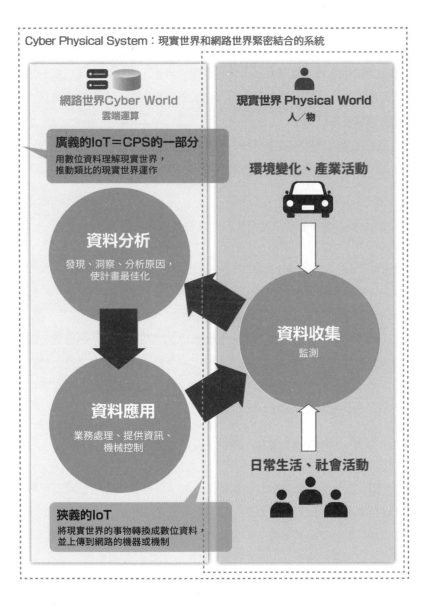

Cyber Physical System：現實世界和網路世界緊密結合的系統

網路世界 Cyber World
雲端運算

現實世界 Physical World
人／物

廣義的 IoT ＝ CPS 的一部分
用數位資料理解現實世界，
推動類比的現實世界運作

環境變化、產業活動

資料分析
發現、洞察、分析原因，
使計畫最佳化

資料收集
監測

資料應用
業務處理、提供資訊、
機械控制

日常生活、社會活動

狹義的 IoT
將現實世界的事物轉換成數位資料，
並上傳到網路的機器或機制

現實世界的各種「事物」或「事件」，都可以透過安裝在實體產品內的感測器、移動裝置或社群媒體等現實世界和網路世界的接口，即時轉換成資料上傳到雲端。

如今連網裝置的數量已在2020年達到500億個，可以說我們每天都被大量的感測器包圍著。透過這些感測器，每天都有無數的「現實世界的數位複製體＝數位雙生」被製造出來，並持續進行即時更新。

「數位雙生」的本質是數量龐大的資料（大數據），但光把資料聚集起來並不能產生價值，還必須從這些資料中找出誰對什麼東西感興趣、誰跟誰聯繫在一起、如何才能提高產品品質、該怎麼做才能提高顧客滿意度等資訊。為此，資料科學家使用人工智慧（Artificial Intelligence：AI）技術之一的機器學習來預測和判斷，找出最佳的商業模式。運用這些資料來提供服務、控制機器、送出資訊和命令後，現實世界會發生變化，然後產生新的資料，再次上傳到網路。

如今連網裝置的數量日益增加，Web、社群媒體的種類和使用人數也在加速成長。連接現實世界和網路世界的數位接口也同樣不斷增加。資料量只會愈來愈多。換言之，數位雙生的解析度在時間和空間維度上都正逐漸提高。如此一來，就能進行更準確地預測和判斷。持續且快速地將這個機制轉化為功能，就能使事業隨時維持在最佳狀態。換言之，數位世界和現實世界正融為一體，即時且快速地進行迭代改良。

上述這種用資料理解現實世界，使現實世界和數位世界合而為一推動商務的機制，被稱為「網宇實體系統（Cyber-Physical System：CPS）」。

我們的「實體」生活如今已跟「數位」融為一體，若沒有後者便無法運作。

支撐數位轉型的科技大三角

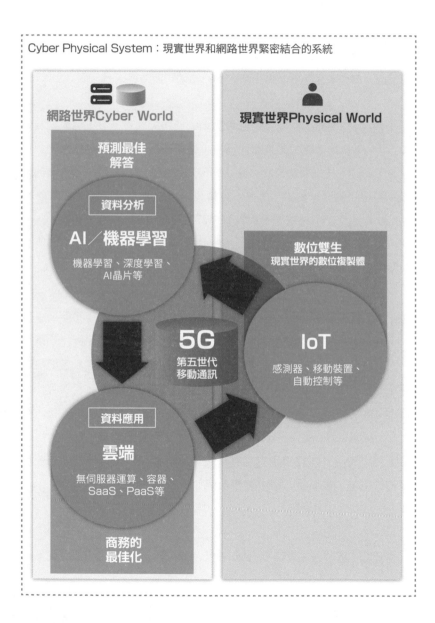

Cyber Physical System：現實世界和網路世界緊密結合的系統

網路世界Cyber World

現實世界Physical World

預測最佳
解答

資料分析

AI／機器學習

機器學習、深度學習、
AI晶片等

數位雙生
現實世界的數位複製體

5G
第五世代
移動通訊

IoT

感測器、移動裝置、
自動控制等

資料應用

雲端

無伺服器運算、容器、
SaaS、PaaS等

商務的
最佳化

CPS消除了物質和數位世界的邊界，將二者合而為一來運作。現在我們能夠不分實體或數位來購物和使用各種服務。換個說法，我們被賦予了可隨時在需要時，以想要的手段取得所需之「物」或「事」的自由。

換言之，不論商業活動還是日常生活，都是透過CPS維持在最佳狀態。而將CPS引進商務流程，也可以說是「推動數位轉型」。

如同在第1章說過的，要應對不確定性日益增加的VUCA時代，企業必須擁有能迅速應對變化的「壓倒性速度」。而CPS就是壓倒性速度的基礎，將CPS融入商務流程，具體來說可使企業做到下面這幾件事。

❖ 快速可視化：藉由IoT或商務流程數位化，使高頻率、多端點收集資料的系統成為商務基礎的一部分
❖ 快速決策：分析、解釋透過上述系統收集到的資料，找出客戶關係和商務上的問題或重要主題
❖ 快速行動：根據找出的問題和主題，以高速、高頻率持續改良作為使用者窗口的UI（User Interface）、實現易用和舒適體驗的UX（User eXperience）、營利來源的生產與服務、驅動商務的商務流程

實現CPS帶來的「快速可視化」、「快速決策」、「快速行動」循環的關鍵在於資料。IoT、AI、雲端則是用來產生和應用資料的科技。而5G（第五代移動通訊系統）則是負責連接這些科技的基礎通訊設施。

IoT是一套使用安裝在器具或行動裝置內的感測器，將現實世界的類比「事物」或「事件」轉換成資料，然後上傳到網路的系統。這也可以說是一套用於製造現實世界的數位複製體，即「數位雙生」的系統。同時，機器的自動控制和自動化也被歸類為IoT的一環。

分析這些數位雙生，預測接下來會發生的事或找出最佳解答，便是AI／機器學習的工作。

而這套運用AI分析出的最佳解答來最佳化商業活動的系統，則是放在

計算能力和資料保存容量都沒有上限，可靈活調整功能或性能的雲端平台上。

雲端系統不只能用來計算和保管資料，也扮演以下角色。

❖ 系統的建構和運用等雖然很重要，但在商務上無法產生附加價值，雲端可幫忙減輕這些手續及負擔

❖ 將系統從被企業「擁有」的資產，轉移成由企業「使用」的成本，使企業得以依照實際需求的變化，迅速調整計算能力、資料容量、業務功能等運算資源

❖ 跟其他雲端服務結合，實現單一服務無法創造的商業價值

具有以上特性的雲端技術，乃是幫助企業獲得「壓倒性速度」的有效手段。

負責有效連接這三大科技，使它們結合起來的便是5G。同時，5G另一大魅力是可以高速傳輸大量資料，將社會從纜線等實體連接和Wi-Fi等空間限制較大的連接方式中解放出來。

但除此之外，企業還必須要將這一套系統，像吃飯喝水一樣自然運用並使其根植在組織內。而要做到這點，組織的「心理安全性」非常重要。換言之，組織內的所有成員必須由衷相信「就算做出在人際關係上存在風險的發言或行動，只要待在這個團隊內就是安全的」。這不是單純讓團隊變成一個和樂融融的俱樂部就好，而是要讓每個人擁有自己的主見，建立可以跟其他人互相碰撞意見的專業信任，互相認識、尊敬對方的多樣性，交換有建設性的意見。

只要組織的所有成員都具備「心理安全性」，能夠自主地投入工作，並包容不同的想法，就能使組織以壓倒性速度運作。

在這種組織內工作的人們，想必會自律、自發地改善，把時間和心力用在附加價值高的工作上。同時，唯有在成員能夠毫無顧忌地交換意見，允許快速地不斷嘗試犯錯的風氣下，才能不斷孕育出「新事業」。

不僅如此，在事業第一線工作的人們，也會變得對環境變化更敏感，能夠主動嘗試改變商業模式。

所謂的數位轉型，就是建立一個「可持續高速變化的商務基礎」。要做到這點，除了使用數位科技外，更不能缺少可支持這種「心理安全性」的組織文化和風氣。

數位轉型的機制

瞬息萬變、難以預測的社會

在此前提下成爲能迅速應對變化的
企業／數位敏捷企業

用壓倒性速度 應對連續的變化	用持續創新 應對不連續的變化

數位化		人類特有能力的活化
層次化與抽象化	靈活、迅速地應對變化	快速嘗試新的組合
資料化	卽時掌握商界實態	預測和洞察變化
自動化／自主化	從肉體性／知識性勞動中解放	將時間和心力轉移到 只有人類才能做到的事情

支撐數位世界的軟體	以人爲本的思考方式
透過靈活、迅速改變組合， 以及注入新元素來快速改進	放大UX／體驗或感性的價值 向以人爲本的設計轉移

企業／組織的文化和風氣變革

要 應對「VUCA／瞬息萬變、難以預測的社會」，必須得要擁有壓倒性的速度，為此數位化是不可或缺的手段。

若沒有能靈活、迅速應對變化的「層次化和抽象化」，可即時掌握商界實態的「資料化」，以及將人力從肉體和知識性勞動中解放出來的「自動化／自主化」，就無法讓企業獲得壓倒性速度。

「自 動化（Automation）」指的是將人類設定的規則編寫在程式中，在不需要人力介入的情況下，讓器械按照指令自己執行。另一方面，「自主化（Autonomous）」指的是由人類設定基本的規則，然後由程式自行找出最好的做法來執行。運用數位科技徹底進行「自動化」和「自主化」，就能夠「讓人類把時間和心力放在只有人類能做到的事情上」。

社會環境和顧客需求的變化，不一定總會延續既有的狀態。透過AI／機器學習，可在某種程度上根據過去的規律來預測未來。然而，機器學習無法預測不連續的變化。此外，當一個市場完全成熟後，價值上的競爭將會陷入停滯，演變成價格上的競爭。而能突破這個狀態的，唯有「人類」才能達成的創新，說得更簡單點，就是「開始嘗試以前沒有做過的事」。

換言之，數位化可以促進人類特有能力的活化，提高組織應對不連續變化的能力。

在 透過數位化獲得「可應對連續變化的壓倒性速度」，以及透過人類特有能力的活化獲得「可應對部連續變化的創新力」後，就能改造出可迅速應對變化的企業，即「敏捷企業」。這就是數位轉型的機制。

而在底下支撐這套機制的，則是軟體和以人為本的思考方式。一如在第2章說明的，商務的主角已從產品轉移到服務，而實踐這點的就是軟體。至於以人為本，指的則是確實思考使用者的體驗價值＝UX。

將上述觀念融入企業宗旨或經營方式，並反映在企業的文化或風氣上，便可實現數位轉型。

數位轉型是「數位力」和「人類能力」的結合

創造性

- ☑ 發現或發明
- ☑ 創新
- ☑ 藝術性或審美意識

0 → 1

生產性

IA

- ☑ 效率化／速度
- ☑ 自動化／自主化
- ☑ 溝通

1 → 9

將時間和心力轉移到只有人類才能做到的事情

感受性

- ☑ 應用／轉用
- ☑ 發展／延伸
- ☑ 決定／判斷

9 → 10

數位轉型就是創造上列的企業文化和風氣

數位科技無法複製的「人類特有能力」，其本質是「創造性」和「感受性」。

「創造性」是「由0到1」的過程，比如發現、發明、創新、藝術性與審美意識。

「感受性」則是「由9到10」的過程，比如應用和轉用、發展和延伸、決定和判斷，可使事物成熟，製造可催生下一個「創造」的環境和契機。

另一方面，數位科技是賦予事物「生產性」，「由1到9」的過程，負責提高效率和速度、自動化與自主化、溝通和聯絡等功能。

追求這3個階層，亦即「將數位科技能做的事情完全交給數位工具，讓人力完全專注在只有人類能做到的事情上」，即可同時獲得「壓倒性速度」和「創新力」。於是，就能提升企業的競爭力，並改善業績，也可靈敏地應對變化。

使公司成為能理所當然地接受並達成這件事的企業，就是數位轉型。

「數位化會搶走人類工作」的擔憂，至今仍深植於大眾心中。然而，在商業日益國際化的現在，也必須從國際化的角度來看待競爭。在這種情況下，如果因為上述擔憂而駐足不前，使變革停滯，企業恐將難以存續。

應該會被數位科技搶走的工作，就讓它徹底地被取代，必須轉變成能將「人類能力」發揮到前所未有高度的企業，才能成為具有國際競爭力。

由此可知，實踐數位轉型並不只是使用數位科技。而是徹底將數位工具和人力分配到各自擅長的地方，提升整體的企業競爭力。

唯有正視數位轉型的這個本質，數位轉型才能真正提升企業的業績。

數位化和數位轉型的差異

數位轉型

變爲敏捷企業

‖

改革企業文化和風氣

＋

÷ IT化
電腦化

數位化

流程數位化

☑ 爲提高效率而應用
數位科技

☑ 重新檢討業務順序或
組織重組

模式數位化

☑ 伴隨變革的數位科技
應用

☑ 商業模式的變革

「**數**位轉型」就是為了獲得能應對VUCA的壓倒性速度而「改革商務」。而「數位化」是數位轉型的「手段」或「前提」，兩者不能畫上等號。

雲端、智慧型手機、IoT、AI等科技帶來的數位化，大幅改變了我們的日常生活和商務情境。比如現代人不論採買東西、購買票券、叫外賣，都理所當然地使用網路下單。音樂、電影、遊戲等娛樂產業也是如此。在Web和行動裝置上投放的廣告與宣傳，規模也遠遠凌駕於報章雜誌和電視等傳統媒體。而遠距會議和無紙化作業，在新冠疫情之後也逐漸成為常識。

然而，儘管數位化帶來了巨大價值，若沒有將之融入成為組織的常識，養成可靈活應用數位科技的思考或行為模式，就無法發揮數位科技的價值。此外，我們在前一章也說過，若沒有以數位為基礎，從根本上改變舊有的工作流程或常識，就無法完全發揮數位科技的價值，也不能產生創新。

換言之，不能僅僅只是「使用數位科技」，而應該去適應數位時代的社會，重新定義事業的目的和經營型態，又或者改變組織的作風、員工的思考和行為模式，即企業的文化和風氣，否則就無法「改革商務，轉型為敏捷企業」。而數位轉型便是去實踐上述這幾件事。

順帶一提，雖然沒有明確的定義，但日本傳統上說的「IT化」或「電腦化」，意思比較接近前一章的「2種數位化」中介紹的「流程數位化（為提高效率而應用數位科技）」。另外，「模式數位化（為改革而應用數位科技）」也跟數位轉型一樣，若沒有能實踐或發揮其價值的文化和風氣，恐怕很難持續帶來商務上的成效。

數位轉型的實踐

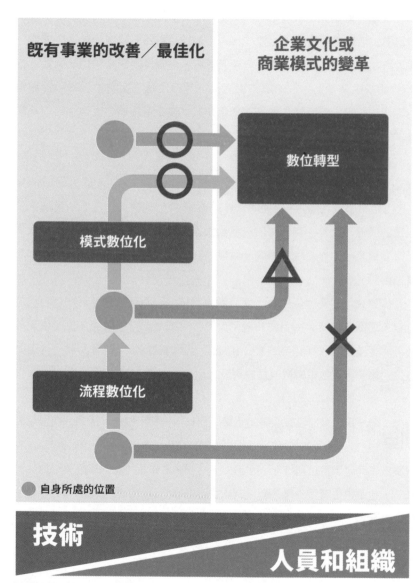

參考《軟體爲先 改變一切商務的最強戰略》（及川卓也著，2019年10月，日經BP）的圖表製作

在實踐數位轉型時，第一步是進行「流程數位化」，重新審視自己的工作方式或型態，消除多餘環節，用數位科技替代部分工作提高效率。這必須從淘汰蓋章文化和淪為儀式的會議，運用數位科技徹底推動無紙化或遠距辦公開始。如果連這幾點都做不到，就不可能推動伴隨商業模式變革的「模式數位化」。更別說是以改變人員和組織行為模式的數位轉型了。必須按部就班，從「流程數位化」到「模式數位化」，然後再到「數位轉型」。

同時，我們還必須認識到「數位轉型沒有有形的目標」。科技會不斷進化，社會和商業環境也會一直改變。而且這個進化和改變未來將持續加速，「不確定性」的形式也將改變，成為社會常態。

在不確定的環境下，我們無法正確預測未來，也不能為事物擬定長期計畫。想在這樣的世界中維持事業，唯一的辦法就是獲得能迅速應對變化的「壓倒性速度」。因此，才需要進行「流程數位化」。同時，為了配合社會環境變化持續更新商業模式，也需要推動「模式數位化」。當然，此過程還需要讓人員或組織具備可自然做到這兩點的行為模式，亦即推動企業風氣和文化的變革。

只要分析一下Amazon和Google等科技巨頭擁有壓倒性競爭力的原因就會明白。儘管數位科技的神奇之處很容易吸引人們的注意，但它們只不過是手段。科技巨頭是因為相信「壓倒性速度」對於維持競爭力是不可或缺的，才活用了最先進的數位科技，又或是自己創造數位科技來實現壓倒性速度。

科技巨頭能跨越產業的框架發起競爭，而要跟他們對抗，就必須擁有「壓倒性速度」。所以企業才必須推動數位轉型。

數位轉型為何困難

速度　　　　　創新

轉變成能夠
迅速應對變化的企業

爲人員賦能

將可以數位化的東西全部交給數位
科技，讓人類去做只有人類能做的
工作

數位轉型

在數位的基礎上重新定義既有事業，
創造新的事業價值

既有事業　　　　　數位　　　　　事業的重新定義

數位基礎

✔ 人員具有適應數位社會的
　 行動模式與價值觀

✔ 使用數位科技進行
　 層次化和抽象化

壓倒性速度

**你有能力對抗
數位原生企業／科技巨頭的速度嗎？**

就如同在〈數位轉型的機制〉一節中所述，數位轉型就是「透過數位化獲得壓倒性速度」和「運用人類能力製造創新」。為此，必須在數位的基礎上重塑「既有事業」。

「重塑」的意思，不是維持既有的工作流程、雇用型態、客戶關係，只把業務工具換成數位工具，而是活用數位科技從根本上進行改革。改革對象不只針對業務流程，還要連同商業模式、獲利結構、事業目的、工作方式、決策機制、員工的行動原理等等，涵蓋整個企業的文化和風氣。

以新創企業和GAFA為代表的數位時代原生企業，不存在需要改革的「既有事業」。所以這些企業天生就是以「數位為基礎」，亦即擁有以「層次化和抽象化」為基礎的「數位轉型機制」。換言之，它們不需要數位轉型。正因為如此，它們才能擁有壓倒性的速度，破壞既存的行業秩序，創造新的競爭原理。這正是他們強大的泉源。

多數企業都擁有「既有事業」，所以需要推動「以數位為基礎」的變革，也就是必須進行數位轉型。而「既有事業」的存在正是數位轉型困難的原因。畢竟要改變過去費了九牛二虎之力才累積起來的知識和工作方法，改變原有的「常識」，當然會產生抵抗感。

然而在這個時代，若沒有對抗數位原生企業的能力，是無法活下來的。我們必須有正視危機的自覺。而這不是要你用一次性的政策來「提高業務效率或便利性」和「建立新事業來貢獻業績」，而是要成為一間能把這2件事當成家常便飯，反覆推行的企業。

若無法讓全公司一致認識到這個現實，並做好覺悟面對它，你的公司就會被數位原生企業擊潰。正因為如此，你必須把數位轉型融入經營戰略，並設定具體的業績目標。

但很可惜，現實中擁有這個認知和覺悟的企業很少，仍有很多企業只把數位轉型跟「使用數位科技」或「用數位工具改變工作方式」劃上等號。雖然它們的確是必要的手段，但絕對不是目的。接受這個現實，或許正是推動數位轉型的第一步。

自然界和商業界的
生態系大不相同

「生態系（Ecosystem）」，原本指的是自然界中動植物的食物鏈和物質循環等生物群的循環系統。後來則被商業領域借用，衍生成商業術語，用來指涉經濟上的依賴關係或協作關係等企業間的合作關係。儘管生物學和經濟學的生態系有些相似，但形成過程卻大不相同。

自然界的「生態系」是經過漫長時間自律、自然形成，是生物因有利於生存而建立相互依賴的關係。這個系統中不存在特定的主導者或領袖。

另一方面，商業界的「生態系」，是短時間內在特定個人或企業主導下形成的，是為增加自身獲利而建立的相互依賴關係。這個主導者會為加入者提供可增加營收的誘因，藉此掌握絕對的支配地位。以GAFAM為代表的平台商，便是藉由這個機制建立了可產生龐大利益的獨佔、寡佔性生態。

「平台經濟」是一種建立在商業生態上的獲利模式，若只看平台商們的成功，這種模式的確是種很有吸引力的數位商業模式。然而，要直接對抗已建立穩固地位的平台商並不容易，必須想能跟平台商和睦相處的方法。可能的選項包含以下三種。

❖ 建立一個跟平台商沒有競爭關係，不同市場的新生態
❖ 加入平台商提供的生態系，在其上創造獨有的附加價值，建立新的次生態系
❖ 搭上 Web3（第 10 章解說）的趨勢，建立不依賴平台商的生態系

借鑑獲利龐大的既有平台商不是壞事。但要正面跟它們建立的生態系競爭並不容易，改採更務實的願景或戰略或許更好。

第 4 章

支撐數位轉型的
IT 基礎設施

道路、鐵路、電、電話、醫院、學校等維持生活和社會所需的設施，俗稱基礎建設。而用來執行程式的伺服器、保存資料的儲存裝置、傳輸訊息的網路機器和網路線以及放置這些設施的資料中心，統稱為「IT基礎設施」。

在過去，IT基礎設施是每家企業依自身需求自己採購搭設，但這種做法難以應對變化快速的現代商業。因為要預測未來需要何種功能和規模非常困難。

若採購系統機器時無法提前預測需求，很容易遇到「增加太多無用資產」、「在關鍵時刻功能或性能不足」、「無法輕易變更為最適合當下的系統配置」等狀況，結果導致使用者的UX（使用體驗）下降。

在商業的主角從產品轉移為服務的現在，若無法依照使用者需求的改變來調配、改變系統資源，就有可能使得顧客滿意度降低，減少營收和獲利。同時，在業務流程數位化範圍愈來愈大的潮流下，也可能導致員工滿意度和生產力降低。如此一來，就沒辦法實現數位轉型的本質，即「成為一間能迅速應對變化的企業」。

突破此困境的辦法，就是「IT基礎設施的軟體化」。講得更簡單一些，就是改用只需在網頁上點選就能調整或變更所需功能或性能的IT基礎設施。

不由自家公司直接擁有這個「軟體化的IT基礎設施」，而是支付使用費透過網路使用這些服務的產品，就是雲端運算中的「IaaS（Infrastructure as a Service）」。

除了IaaS之外，雲端運算還有可透過網路使用的平台或應用程式等服務。使用者企業可以靈活組合這些服務，無須自己採購、搭設、管理系統，只需按照使用的系統資源量支付使用費；換言之，不把系統當成資產，而是當成開銷來使用，即可靈敏地應對商業環境變化。

關於雲端運算的詳細內容，我們將在第5章「雲端運算」中介紹。本章將把重點放在雲端運算跟IT基礎設施的關係上。

同時，要理解最新的IT基礎設施，還必須了解「虛擬化」和「軟體化」的概念。

「虛擬化」是指不用物理方式／硬體實際搭建、連接系統資源，只需要在軟體上設定，就能改變、調整系統功能與性能的組成。

「軟體化」則是除「虛擬化」之外再組合自動化技術，以減輕系統架構和運用管理相關使用者負擔的策略。

將IT基礎設施軟體化，可幫助使用者企業減輕花費在「雖然重要，但對商業差異化和提升附加價值較無貢獻」的IT基礎設施上的人力、物力、財力等經營資源負擔。另一方面，軟體化也有助於將經營資源轉移到對商業差異化有較大影響的應用程式開發和運用上，並取得可靈敏應對變化的IT基礎設施。

在這些支撐IT基礎設施的技術中，「虛擬化」扮演著核心角色。本章將介紹「虛擬化」的本質、功用以及種類等基本知識。

另外，「虛擬化」的代表性用法「伺服器虛擬化」乃是資訊系統的核心技術；同時，由這項技術發展出來的衍生技術「容器」，也是讀懂第9章「開發與應用」必須知道的預備知識，因此本章將詳細介紹這2個技術。

在實踐數位轉型時，IT基礎設施非常重要。正因為如此，必須將使用IT基礎設施的企業從架構和營運系統的負擔中解放出來，把經營資運轉移到跟「事業差異化和提高競爭力」和「提升業務生產力」直接相關的應用程式上。

而本章將為讀者介紹IT基礎設施的價值與機制。

資訊系統的３層結構與基礎設施

商務流程

銷售管理	薪資計算	生產計畫	文書管理	經費計算

用以達成業務或經營目標的工作流程

應用程式

銷售管理	薪資計算	生產計畫	文書管理	經費計算

用於完成業務流程的軟體

平台

資料庫

支援軟體開發和運行

管理運行狀況和安全性

控制硬體

提供各應用程式共同功能的軟體

基礎設施

伺服器	儲存裝置	網路機器	電源設備

用於運作軟體的硬體和設備

資訊系統

負責處理各種業務的資訊系統，由下面3個階層組成。

●執行業務流程的應用程式

「應用程式（Application）」的英文原義是「適用、應用」，引申指電腦上用於執行個別業務工作流的軟體，有時又簡稱為「app」。包含銷售管理系統、文書管理系統、經費計算系統等企業用軟體，以及文書軟體、試算表軟體、網頁瀏覽器、音樂播放軟體、遊戲軟體等個人用軟體。

●提供應用軟體共同功能的平台

平台（platform）的英文原義是「台子」，在IT術語中指的是提供運作應用程式所需之共同功能的軟體。比如在使用應用程式時，需要用到在通訊裝置或儲存裝置（保存資料的裝置）等硬體和應用程式扮演溝通角色，控制整個系統運作的功能。然而，為每個應用程式單獨製作這個控制功能非常浪費時間。所以一般會由「作業系統（Operation System, OS）」來負責這件事。

除了OS以外，還有系統性管理資料的「資料庫管理系統」、監視系統運行狀態並回報問題的「監測管理系統」等平台。因為這些軟體位於應用程式和OS的中間位置，所以又叫「中間軟體（Middleware）」。

● 運行軟體必須的基礎設施

基礎設施（Infrastructure）的英語原義是「基礎的結構、建設」，有時又簡稱「基建」。在IT術語中指的是用以運行程式的電腦、保存資料的儲存設備、通訊用的網路機器等硬體，以及用來放置硬體的資料中心，還有設置在資料中心內的電源或冷卻設備等等。

不過，個人用的PC和手機不屬於基礎設施。只有企業或組織透過網路共用的才算是基礎設施。

虛擬化的真正意義

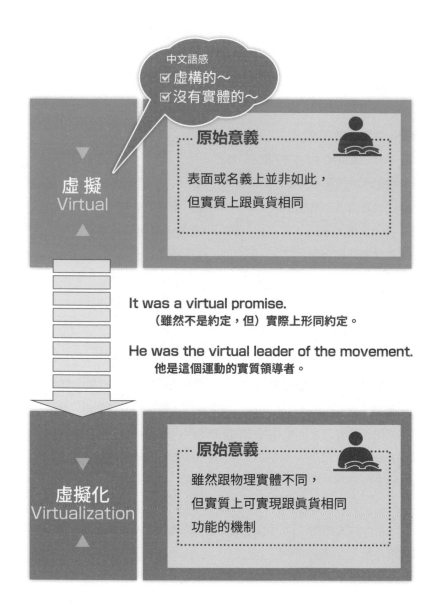

中文語感
☑ 虛構的～
☑ 沒有實體的～

虛 擬
Virtual

原始意義

表面或名義上並非如此，
但實質上跟真貨相同

It was a virtual promise.
（雖然不是約定，但）實際上形同約定。

He was the virtual leader of the movement.
他是這個運動的實質領導者。

虛擬化
Virtualization

原始意義

雖然跟物理實體不同，
但實質上可實現跟真貨相同
功能的機制

聽到中文的「虛擬」，很多人會產生「虛假的」、「沒有實體」的聯想。然而，這個詞的英語「Virtual」其實沒有這層意思，而是「雖然並非真物，但跟真物相同」的含義。查閱英語字典就能找到以下例句。

It was a virtual promise.
（雖然不是約定，但）實際上形同約定。

He was the virtual leader of the movement.
他是這個運動的實質領導者。

He was formally a general, but he was a virtual king of this country．
他的官方身分是「將軍」，但實際上等於這個國家的國王。

由此可知，IT 術語上的「虛擬化（Virtualization）」或許應該這麼解釋才對：

「雖然跟物理實體不同，但可實現跟真物相同功能的機制。」

虛擬化絕對不是「創造虛構且沒有實體的系統」之意。將之理解成雖然型態跟伺服器、儲存裝置、網路的物理組成不同，但實質上可實現這些設備相同之功能或性能的技術，或許更貼近現實。

順帶一提，「VR（Virtual Reality，虛擬實境）」之所以被這麼稱呼，是因為使用者即使在現實中待在室內，但只要戴上眼鏡，就能彷彿置身在海洋或太空中，獲得「雖然不是真正的，但跟真物相同＝虛擬的（Virtual）現實（Reality）」體驗。

若一個事物沒有肉眼看得見的物理實體，人類就很難接受它的存在；但不論有無物體實體，只要它能實質上發揮相同的性能，很多時候其實這樣就足夠了。

所謂的「虛擬化」，也就是雖然跟物理性的系統資源不一樣，但「實質上」可以實現跟物理性系統資源的「真貨」一致的功能，並提供給使用者的機制。

虛擬化的３個種類

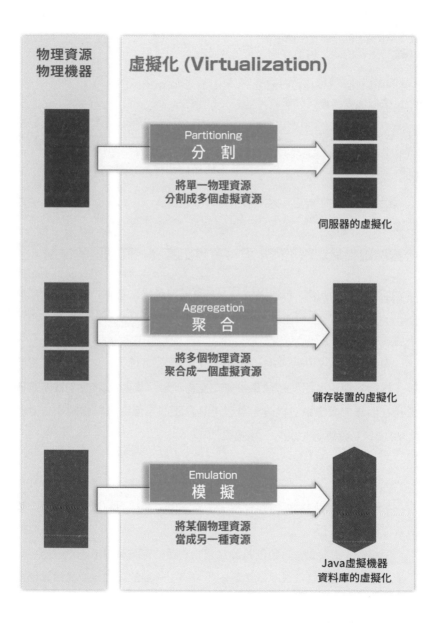

物理資源
物理機器

虛擬化 (Virtualization)

Partitioning
分　割

將單一物理資源
分割成多個虛擬資源

伺服器的虛擬化

Aggregation
聚　合

將多個物理資源
聚合成一個虛擬資源

儲存裝置的虛擬化

Emulation
模　擬

將某個物理資源
當成另一種資源

Java虛擬機器
資料庫的虛擬化

「虛擬化」是「儘管跟物理實態不同，但可實現跟真物相同功能」的軟體技術，而它可以分成以下3個種類。

● Partitioning（分割）

使單一的系統資源發揮多個獨立資源的功能。比如將1台伺服器變成相當於10台個別獨立之伺服器的功能。

運用這個方法，就能把回應單一使用者需求綽綽有餘的物理伺服器變成好幾台虛擬上的伺服器，讓多名使用者可以享受到彷彿自己擁有一台專用伺服器的體驗。透過此技術，就能毫不浪費地有效利用系統資源。

● Aggregation（聚合）

將多個系統整合起來，發揮跟單一系統資源一樣的功能。比如將多個不一樣的物理儲存裝置整合在一起，變得有如一台更大儲存空間的儲存裝置。若沒有此功能，使用者就得管理多個儲存裝置，進行繁雜的操作和設定。然而透過此功能，就不需要特別去留意物理上的組成、個別設定，甚至製造商或機種，全部當成單一儲存裝置來用，大幅提高使用便利性。

● Emulation（模擬）

將某個系統資源發揮另一種系統資源的功能。比如在PC上運作手機用的基礎軟體，並顯示跟在手機上運作時完全相同的畫面，讓在PC上也能使用手機功能。只要使用此功能，就能用手機沒有的大螢幕和鍵盤操作軟體，提高開發和測試應用程式的便利性。

對使用者來說，不論物理上的實體是什麼都無所謂，反正只要所需的功能和操作跟真物相同就行了。

而用於實現上述功能的軟體技術就統稱為「虛擬化」技術。

「軟體化」是什麼

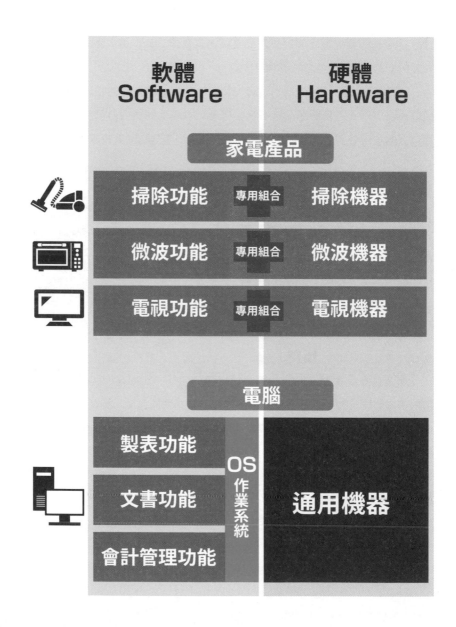

軟體 Software		硬體 Hardware
家電產品		
掃除功能	專用組合	掃除機器
微波功能	專用組合	微波機器
電視功能	專用組合	電視機器
電腦		
製表功能	OS 作業系統	通用機器
文書功能		
會計管理功能		

吸塵器不能煮飯，微波爐不能看電視。因為我們平常使用的家電產品都是專為某種特定功能或用途打造，由專用的硬體和軟體組合而成的機器。

另一方面，電腦卻相反，只要安裝Excel就能變成製表機器，安裝Word就能成為文書機器，安裝瀏覽器就能瀏覽網頁。在電腦這種「通用機器（可以用來做各種不同事務的機器）」安裝用於執行各種業務或作業的專用軟體（應用程式／app），就能搖身一變成為該事務的專用機器。

智慧型手機同樣也是通用機器，只要安裝通話app就能變成電話，安裝相機app就變成相機，安裝遊戲app就變成遊戲機，可以依照軟體轉變為執行各種不同任務的專用機器。而像這樣透過軟體來讓通用機器變成各種專用機器，就是「軟體化」。

除此之外「軟體化」還有另一個用途，那就是減少人力介入，讓機器自己完成最合適的操作。比如汽車就是一個正在快速「軟體化」的例子。汽車的基本功能「行駛、停止、轉彎」都是透過硬體構造和機構來實現。然而，要讓這些正確發揮功用，不能缺少正確地操作。在過去，這些操作全部依賴人類，但如今已有汽車專用的電腦（ECU：Electronic Control Unit）及其中運作的軟體來輔助駕駛人正確操作。透過電腦輔助，就能消除個人技能的影響，避免人為疏失，更好地發揮汽車的功能和機能。結果ECU大幅提升了行車的舒適性和安全性。在不久之後的將來，相信連這些基本操作也都不再需要人力介入，全部會交給軟體執行。

IT基礎設施也同樣正在逐漸軟體化。將可通用的機器設置在資料中心，進行「軟體化」，即可實現需要的功能或性能，並把運用管理都交給資料中心。

軟體化的基礎設施

分離物理實體（硬體和設備）與 實質功能（虛擬化的系統）

使用者獲得**靈活性**和**速度**
省去安裝物理設施的作業，
只靠軟體設定就能調整及變更所需的系統組成

實質功能
所用功能和
配置的組合

實質功能
所用功能和
配置的組合

實質功能
所用功能和
配置的組合

虛擬化　　虛擬化　　虛擬化

軟體定義的基礎設施：SDI
Software-Defined Infrastructure

為虛擬化而生的軟體

演算功能／資料管理功能／網路功能

物理實體（硬體和設備）

分割
聚合
模擬

抽象化*

系統管理者可獲得高性價比
大量調配標準化的軟硬體來組成系統，
以自動化／一元化的方式運用

＊「抽象化」：只抽出對象的本質和重要元素，無視其他部分

在過去，IT基礎設施必須依照需求個別調配和架設機器。但現在環境變化相當迅速，難以預見業界的未來趨勢，因此也無法正確地預測將來需要何種系統功能和規模。

在數位轉型或推行事業數位化的過程中，若按照傳統的做法，將可能遇到下列的經營風險。

❖ 使用者數量超乎預期地增加，導致系統能力不足，反應時間太慢，讓使用者流失

❖ 新事業因為社會環境的急遽變化而無法維持，之前採購的系統變成垃圾

而解決此風險的方法，就是IT基礎設施的「軟體化」。舉例來說，軟體化只要自己準備標準規格的硬體，再指定所需的系統資源（CPU運算能力，儲存容量，網路功能）等等，就能調配和配置系統。同時，系統的架設和運用管理也可以自動化。

其背後的核心技術便是先前解說過的「虛擬化」。結合虛擬化技術，以及可將運用管理與系統架設工作自動化的軟體，即能在選擇系統資源時直接指定「交易處理能力」、「安全性等級」或「網路服務等級」等政策（policy，指目標值、規定事項等），而不需要選擇「CPU數量」或「網路線數量」等物理要件。即使沒有基礎設施的專業知識也能調配系統資源，並實現監視和運用管理的自動化。

上述這種「可用軟體調配、設定、管理系統功能或性能的基礎設施」就叫「SDI（Software-Defined Infrastructure）」。

只要使用SDI，應用程式工程師就不用勞煩擁有基礎設施專業知識的工程師，自己就能調整基礎設施的功能或性能。甚至也能自行測試應用程式，加快開發、測試以及轉移到正式系統的速度。

而負責運用管理基礎設施的基礎設施工程師也能把大多數相關作業交給系統執行，減輕運用管理的負擔，用省下來的時間去提高安全性和改善便利性。此外，將硬體標準化後一起調配，也可減少架構的手續和時間成本。

軟體化與雲端運算

實質可用的功能或性能

簡單、便利、無論何時何地皆能
把IT功能和性能當成服務使用

網路

為 虛擬化 或 軟體化 存在的機制
可以自由組合或變更
想用的功能或性能組合

應用程式
銷售管理系統和會計管理系統 等等
用於處理特定業務的軟體

平台
作業系統和資料庫管理系統 等等
提供應用程式共用功能的軟體

基礎設施
用於運行軟體的硬體和設備

系統管理者

專門技能或
知識

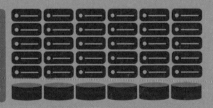

運用規模化／集中化／一元化／標準化／自動化等
技術，實現有魅力的性價比

物理性的硬體和設備

可透過網路，以線上服務的形式使用「軟體化的基礎設施（SDI）」的服務，即是雲端服務中的IaaS（Infrastructure as a Service）。因為可從網路使用基礎設施的功能或性能，所以企業無須自己購買、架設、管理系統。只要從網頁上的選單設定自家應用程式需要的功能或性能，就能馬上使用它們。同時，想變更功能或性能時也只需要進行設定，跟利用自有基礎設施相比，應對的速度和靈活性要高出好幾倍。

此外，現在同樣也有從網路提供操作軟體和資料庫等「平台」的服務，即「PaaS（Platform as a Service）」，以及從網路提供帳務會計、生產管理等業務專用軟體的「SaaS（Software as a Service）」。

這三者都活用了「只需點選和設定就可使用各種功能或性能」和「自動化系統架構與運用管理工作來減輕使用者負擔」的軟體化特性，並可做到以下幾點。

❖ 立即反應事業環境的變化，依照當下的功能或性能需求調配系統資源。而且隨時都能停止使用

❖ 將使用者從採購、架構、管理系統的負擔中解放

❖ 因為不擁有任何資產，使用費會變成營運成本，可改善資產負債表

在難以預見瞬息萬變的業界變化，無法正確預測未來需要何種系統功能和規模的現代，企業自有的系統資產只會變成經營風險。

在這樣的時代，能「當成服務使用」的基礎設施、平台、應用程式，由於可賦予系統即時應對變化的能力，因此可以成為實踐數位轉型的基礎，扮演了極為重要的角色。

至於詳細的內容，我們留到第5章的「雲端運算」再來說明。

運用伺服器的歷史演變

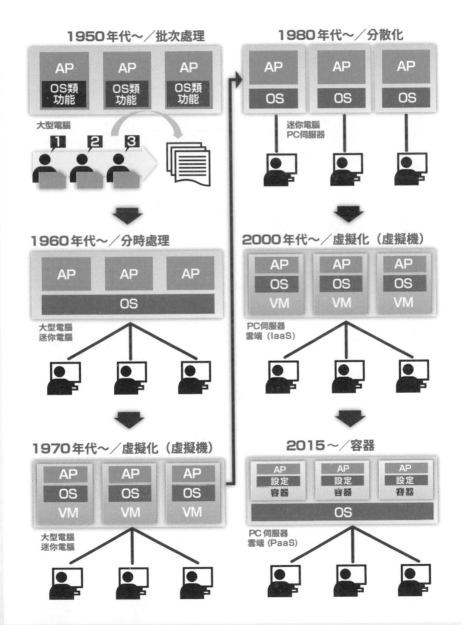

1950年代～／批次處理

AP	AP	AP
OS類功能	OS類功能	OS類功能

大型電腦

1 **2** **3**

1960年代～／分時處理

AP	AP	AP
OS		

大型電腦
迷你電腦

1970年代～／虛擬化（虛擬機）

AP	AP	AP
OS	OS	OS
VM	VM	VM

大型電腦
迷你電腦

1980年代～／分散化

AP	AP	AP
OS	OS	OS

迷你電腦
PC伺服器

2000年代～／虛擬化（虛擬機）

AP	AP	AP
OS	OS	OS
VM	VM	VM

PC伺服器
雲端（IaaS）

2015～／容器

AP	AP	AP
設定	設定	設定
容器	容器	容器
OS		

PC伺服器
雲端（PaaS）

1950年代，電腦開始被應用在商務上，但當時一台電腦非常昂貴，無法給一個人佔用，因此開發出「批次處理」技術，讓多個人可以共用一台大型電腦（mainframe）。批次處理是一種將「同類程式和資料整合成批（工作）」依序處理的方法，缺點是必須完成前一批處理才能開始下一批處理。

1960年代後，計算機科學家想出了「分時處理（time sharing）」。這是一種將CPU的處理時間細分成許多短區間，輪流分給不同使用者，讓電腦在體感上可以給多名使用者同時使用的技術。然後到了1960年代後半，又演化出在每次分時處理時切換硬體功能的分配和設定，用一台硬體同時發揮多台硬體功能的「虛擬化」技術。

1980年代後，由於PC、迷你電腦等平價產品出現，人們不再需要特地為使用限制很多的大型電腦虛擬化，可以直接替每個人採購一台小型電腦。結果，企業擁有的電腦數量增加，而為每台電腦升級系統版本、除錯以及維護管理的手續與成本也隨之膨脹。

2000年代後，為了解決這個問題，「虛擬化」技術再次受到注目，只不過這次的目的是整合多台硬體。不久後，專門替企業運用管理虛擬化的電腦或儲存裝置等系統資源，並透過網路出租它們的雲端服務（IaaS）也跟著誕生。

然而，虛擬化的電腦仍必須為每台硬體個別安裝OS和檔案，消耗的CPU和記憶體等系統資源也跟真貨相同。因此，又開發出了共用一個OS內核（kernel），同時跟「虛擬化」一樣提供每名使用者隔離的應用程式運行環境，換言之就算應用程式崩潰也不會影響到其他部分，每個應用程式都擁有獨立的系統管理和使用者群組的「容器」技術登場。

只要使用容器，就能用相同的系統資源運行數倍於虛擬化的「隔離應用程式執行環境」。此外，不論是企業自有還是雲端租用的資源，都能輕易地跨基礎設施移動執行環境或擴充／縮小規模，因此現在引進容器技術的企業正逐漸增加。

伺服器虛擬化

實體系統

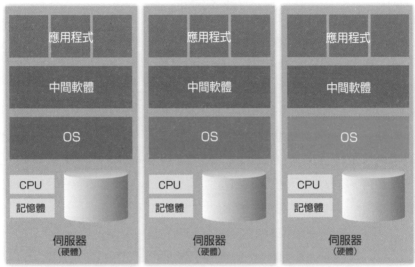

虛擬系統

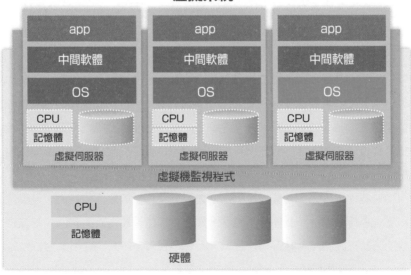

用來當伺服器的電腦，是由處理器、記憶體、儲存裝置等硬體配置。這些硬體由俗稱OS的軟體控制。OS會將硬體資源適當地分配給「處理業務的應用程式」、「管理資料的資料庫」、「控制通訊或管理使用者的系統」等各個不同程式，確保伺服器可高效確實地完成使用者要求的工作。這類OS的代表例有Windows Server和Linux等等。

「伺服器虛擬化」則是將伺服器硬體內的處理器和記憶體使用時間或儲存容量分割成許多細小單位，分配給多位使用者使用。而每名使用者都能獨佔被分配到的系統資源。

透過這項技術，即便現實中只有一台硬體，也能模擬成多台個人專用的「形同真物（＝虛擬的）」伺服器，提供給不同使用者使用。而這些從一台實體伺服器中切分出來的模擬伺服器就稱為「虛擬伺服器」或「虛擬機」；而用於實現虛擬機的軟體俗稱虛擬機監視程式（Hypervisor），比如VMware ESXI、Microsoft Hyper-V、Linux用的KVM等產品。

虛擬伺服器與有實體的物理性伺服器具備了相同的功能，因此也可以為每台虛擬伺服器安裝獨立的OS，各自運行不同的應用程式。使用者可以享受到彷彿擁有一台專用電腦般的自由度和便利性，且整體上也能提高硬體的使用效率。

同時，只要使用的虛擬機監視程式相同，就能直接拷貝記錄有虛擬機設定資訊的「設定檔」，在另一台實體伺服器或雲端服務上生成完全相同的虛擬機。如此一來，即使基礎設施不一樣，也能「架設相同條件的正式運行環境和測試環境」、「預先備份環境在急難時使用」、「配合系統負擔的增減調整系統資源規模」等，提高運用的自由度。

「伺服器虛擬化」的三大好處

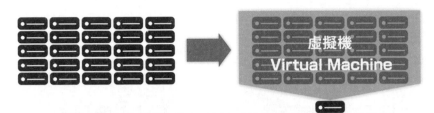

實體機器的聚合	❖ 減少採購機器的開銷 ❖ 減少電費和碳排放 ❖ 減少資料中心的使用費

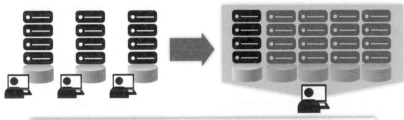

軟體定義	❖ 提高調配和變更資源的速度 ❖ 在運作中改變系統配置 ❖ 迅速且靈活地變更系統配置

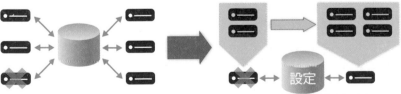

即時移轉	❖ 維護時服務不會停止 ❖ 故障時服務不會停止 ❖ 分散實體機器的負擔

●實體機器的聚合

沒有虛擬化時，每台伺服器的使用率往往各不相同。而把分散的伺服器聚合起來，平準化它們的算力並完全利用，就能提高使用率，減少實體伺服器的數量。同時再把使用率高的舊型機器換成數倍性能的新機器，再聚合起來，就能更進一步減少伺服器數量。實體機器的數量減少，便能降低採購費用、減少電費、碳排放以及資料中心的租用金。

●軟體定義

伺服器虛擬化還能省去安裝和配線等物理性作業，用網頁選單或命令行就能調配伺服器功能或性能，並變更系統配置。當然前提是使用的總運算量不能超過實體機器的算力上限。但只要在算力範圍內，人員只需調整設定即可完成虛擬伺服器的調配、複製以及變更系統配置。如此一來就能靈活、迅速地調配資源或變更虛擬伺服器配置，而且整個過程完全不需要停止伺服器，可以提高運用管理的作業效率。

●即時移轉

虛擬伺服器的實體是編寫在「設定檔」中的資訊。設定檔中記錄了CPU能力、記憶體容量、網路位址等資訊，只要將這些資訊交給虛擬機監視程式讀取，就能從實體機器中調用所需的功能或性能，生成虛擬伺服器。

而只要讓2台實體機器共用同一個設定檔，並互相監視彼此的運作狀況，當其中一台發生故障時，正常運作的那台實體機器就能直接讀取故障那台的設定檔，立刻架起完全相同的虛擬伺服器。如此一來使用者就不會受到故障影響，可以不中斷地使用虛擬伺服器。

另外，當系統檢測到其中一台實體機器的運算負擔提高時，也能將一部分的虛擬機轉移到還有多餘算力的實體機器上，達到負荷平準化的效果。不僅如此，當需要暫時停下實體機器進行維修或檢測時，也能在不中斷虛擬機的情況下暫時將之移動到其他實體機器上，等檢修完成後再移回原本的機器，讓使用者可以持續使用，完全不會受到系統停止的影響。

伺服器虛擬化與容器

實體系統

應用程式	應用程式	應用程式
中間軟體	中間軟體	中間軟體
OS	OS	OS

CPU　記憶體　實體伺服器（硬體）

虛擬化系統

表現為一台伺服器

app	app	app
中間軟體	中間軟體	中間軟體
OS	OS	OS

虛擬伺服器　　虛擬伺服器　　虛擬伺服器

虛擬機監視程式

實體伺服器（硬體）

容器系統

表現為單一處理程序

app	app	app
中間軟體	中間軟體	中間軟體
庫	庫	庫
容器	容器	容器

容器系統（容器管理系統）

內核

OS

實體伺服器（硬體）

用「伺服器虛擬化」技術架設虛擬機的目的，是為了實現「隔離的應用程式執行環境」，換言之就是讓每個應用程式都擁有獨立的系統管理和使用者群組，即使一個應用程式崩潰也不會影響到其他程式。

另一個用來實現相同目的的技術是「容器」。容器在「提供隔離的應用程式執行環境」這點上跟虛擬機相同，但跟虛擬機不一樣的是，一個OS上可以同時運作多個容器。

由於虛擬機是一個功能跟實體伺服器完全一樣的伺服器，所以每個虛擬機都需要各自的OS，消耗的CPU、記憶體、儲存容量也都跟實體伺服器相同。相反地，由於多個容器只需要一個OS，所以系統資源的間接成本（overhead，意指重複消耗的資源或算力）很少，在相同性能的硬體上，可運行的容器數量會比虛擬機更多。

同時，由於容器在啟動時不像虛擬機需要先啟動OS，所以啟動速度非常快。而且因為不用替每個容器都安裝個別的OS，所以儲存裝置的使用量和運作時消耗的系統資源都很低。

然而，所有容器都運作於同一個OS上。虛擬機則位於更底層，換言之虛擬機可以完全重現跟硬體伺服器相同的功能，因此可在不同虛擬機上執行不同的OS。但在實際執行應用程式時，為了減輕管理負擔，不同的虛擬機大多會統一使用相同OS，所以這個差異很少成為限制容器技術的因素。

在OS看來，一個容器就相當於一個處理程序。處理程序是程式運作的單位。因此，把容器移動到其他伺服器上，就跟在OS上移動一個運作中的程式一樣，完全不受硬體的功能和設定影響。換成虛擬機的話，每個虛擬機的功能和配置等相關設定資料都必須跟著繼承過去，而容器完全沒有這個必要，可以輕鬆在不同伺服器間轉移執行環境。

容器管理軟體／容器引擎

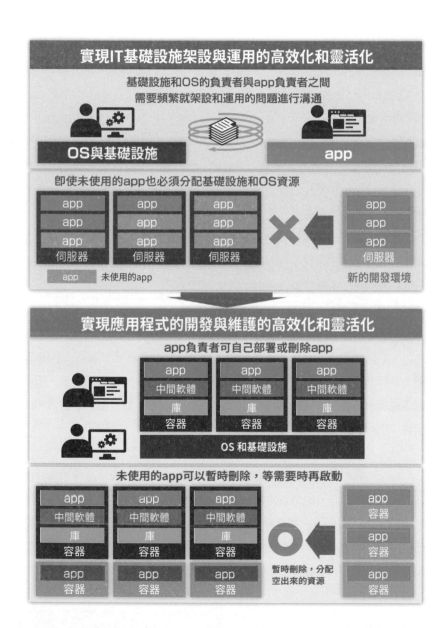

實現IT基礎設施架設與運用的高效化和靈活化

基礎設施和OS的負責者與app負責者之間
需要頻繁就架設和運用的問題進行溝通

OS與基礎設施　　　　　　　**app**

即使未使用的app也必須分配基礎設施和OS資源

app	app	app
app	app	app
app	app	app
伺服器	伺服器	伺服器

| app |
| app |
| app |
| 伺服器 |

app　未使用的app　　　　　　　　新的開發環境

實現應用程式的開發與維護的高效化和靈活化

app負責者可自己部署或刪除app

app	app	app
中間軟體	中間軟體	中間軟體
庫	庫	庫
容器	容器	容器

OS 和基礎設施

未使用的app可以暫時刪除，等需要時再啟動

app	app	app
中間軟體	中間軟體	中間軟體
庫	庫	庫
容器	容器	容器

| app | app | app |
| 容器 | 容器 | 容器 |

暫時刪除，分配
空出來的資源

| app |
| 容器 |

| app |
| 容器 |

| app |
| 容器 |

用於實現「容器」的程式稱為「容器管理軟體（容器引擎）」。只要運用「容器引擎」，就能在「不改變任何設定的情況下」隨時啟動之前做好的容器。如此一來，就不再需要像以前那樣個別為每個應用程式準備硬體、OS、中間軟體，無須在意系統環境的差異，直接執行應用程式。

在雲端服務普及的現在，容器的這種特性意味著不用擔心應用程式會被任何特定的雲端服務綁住（lock in），在任何地方都能執行，大幅提高了運行應用程式的系統規模和執行平台自由度。

同時，系統管理者只需確保「容器引擎」可在自己所用的基礎設施環境穩定運作，開發者就能將應用程式自行轉移到正式環境中。無須像伺服器虛擬化那樣，開發者必須個別為每個應用程式找系統管理者溝通，請對方處理。

這使應用程式開發者得以迅速開發、更新應用程式，提供給使用者；而系統管理者只需負責確保基礎設施穩定運作，兩邊專心各司其職。如此一來，應用程式就能快速、頻繁地轉移到正式環境，讓使用者立即享受到應用程式開發和更新帶來的好處。

利用容器技術，就能省去使用實體機器或虛擬機時的「安裝、設定、測試運行應用程式用的OS」等工作，大幅削減轉移到正式環境的手續和時間。

目前最多人用的「容器引擎」是「Docker」。Docker之所以備受關注，是因為它可以用「Dockerfile」將生成容器用的設定公開並分享給其他使用者。透過這個方式，就能直接將其他人寫的軟體和運作該軟體的建構程序裝到容器內，並拿到其他伺服器上執行。

現在業界也開始推動容器規格的標準化，確保了容器的可替換性，同時可跟Docker相容的其他容器引擎，如containerd和cri-o等也陸續推出，愈來愈多元化。

不用選擇執行場所就能
輕鬆增減處理能力的容器

不依賴硬體或OS，
可以任意配置、移動軟體功能

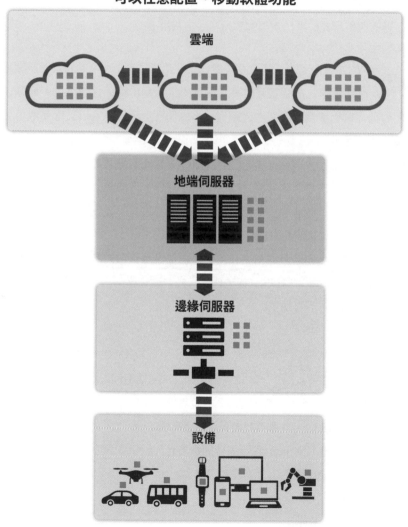

正如上一節所述，只要活用容器「不必理會系統環境差異即可配置和移動應用程式」的特性，便能輕鬆地增減、分散程式所需的處理能力，以及運作程式的伺服器。

舉例來說，當在地端（on-premises，設置在自有設施內的意思）伺服器上運作之程式的使用者增加，導致處理能力不夠時，我們只需將這個程式放入容器，然後轉移到處理能力夠大的雲端伺服器上，或者增加容器的執行數量，就能立刻提升處理能力。而這個過程完全不用一個個去檢查應用程式跟硬體或OS之間的相容性。

同時，我們也可以使用地端伺服器來開發、測試完應用程式後，再放入容器內，輕鬆轉移到雲端的正式環境上執行。因為只要準備好容器引擎可運作的系統環境，應用程式就能直接在上面執行。另外，若要增減使用的算力，只需增減容器的數量即可，當使用者的地區分布增加到多個國家時，也只需把容器複製到不同國家資料中心的伺服器上，就能分散處理，縮短反應時間的延遲。

除此之外，由於現在汽車和家電等設備上搭載的處理器性能比以前更好，過去必須依賴地端伺服器或邊緣伺服器強大處理能力的運算，如今也能轉移到設備端上處理，減輕伺服器的負擔，有望減少反應時間的延遲。當然，因為伺服器和設備端的硬體、OS、容器引擎不一樣，所以還必須考慮這點，修正和測試應用程式。但跟過去相比，相信負擔將減輕不少。

要應對使用者需求快速改變，無法預測市場需求變化的商業環境，就需要能迅速因應變化的能力。而使用容器，可以提高程式的架構和運行，以及系統管理的靈活性和速度。

以一元化方式管理容器的
容器協調平台——Kubernetes

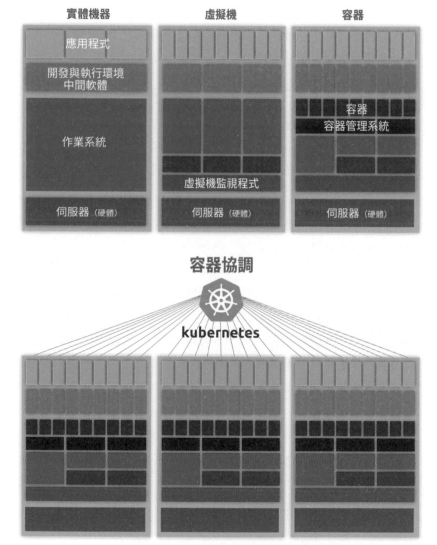

實體機器	虛擬機	容器
應用程式		
開發與執行環境 中間軟體		容器
		容器管理系統
作業系統		
	虛擬機監視程式	
伺服器（硬體）	伺服器（硬體）	伺服器（硬體）

容器協調

kubernetes

使用分散／大規模的系統資源，
實現單一的系統（服務）

容器引擎Docker可在一台伺服器上製作、執行、管理容器。然而，它沒辦法橫向管理在透過網路連接的多台伺服器上運作的容器。比如當一個應用程式的使用人數增加，不得不橫跨多台伺服器增加容器數量時，就沒辦法光靠Docker來橫向擴充（scale-out，增加伺服器數量以擴充處理能力）。

　　而用來解決此問題的工具便是容器協調器「Kubernetes」。Kubernetes這個詞原本是希臘語，意思是「人生的道標」。

藉由Kubernetes，我們可以把由多台伺服器組成的執行環境當成單一的執行環境來操作。比如在啟動容器時，我們只需要指定運行環境和伺服器數量，至於要如何在哪台伺服器上配置容器，Kubernetes全部會處理妥當，同時，當容器需要的系統資源（CPU、記憶體、儲存區域等）不足時，Kubernetes也能在完全不影響既有服務的情況下自動替我們擴充。

　　此外，系統管理者只要告訴Kubernetes要啟動哪個容器，啟動多少數量，Kubernetes就會自動尋找空閒的系統資源，幫我們決定要如何配置它們，並依照此配置來啟動容器。就算運作中的容器出現問題，導致服務中斷，Kubernetes也能替我們監測錯誤，依需求自動重新啟動容器。除此之外，Kubernetes還有替相關容器分組（grouping）、管理容器分配到的IP位址、管理容器分配到儲存區域等功能。

Kubernetes管理的基本單位，是名為Pod的容器組。而運作容器管理系統Docker的伺服器單位為Node。多個Node又可組合為一個Cluster。Pod、Node、Cluster又由Master管理，而下達給Master的指示和設定叫Manifest。

　　簡單來說，Kubernetes是用於配置、執行、擴展、以及管理容器化應用程式的自動化軟體。

虛擬化的種類

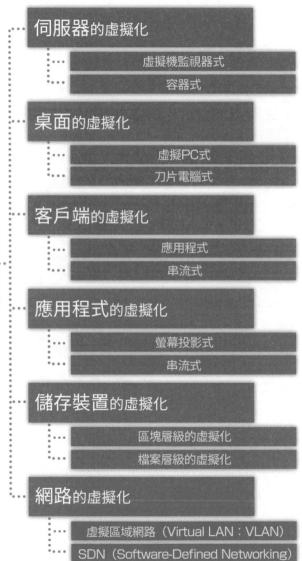

虛擬化
Virtualization

- 伺服器的虛擬化
  - 虛擬機監視器式
  - 容器式
- 桌面的虛擬化
  - 虛擬PC式
  - 刀片電腦式
- 客戶端的虛擬化
  - 應用程式
  - 串流式
- 應用程式的虛擬化
  - 螢幕投影式
  - 串流式
- 儲存裝置的虛擬化
  - 區塊層級的虛擬化
  - 檔案層級的虛擬化
- 網路的虛擬化
  - 虛擬區域網路（Virtual LAN：VLAN）
  - SDN（Software-Defined Networking）

「伺服器虛擬化」是將伺服器的相關系統資源虛擬化，藉以提高利用效率和可遷移性。而除了伺服器之外，也存在將其他系統資源虛擬化的技術。

「桌面虛擬化」是將使用者使用的PC放在共用的電腦伺服器上，以俗稱「虛擬PC」的虛擬機來運作，再透過網路來使用螢幕、鍵盤、滑鼠。使用者雖然感覺像在操作手邊的PC，但實際上使用的是伺服器上的虛擬PC處理器和儲存裝置。這個機制又叫VDI（Virtual Desktop Infrastructure）。因此也可以從只具備螢幕、鍵盤、滑鼠以及網路等最基本功能的「精簡型用戶端」PC來使用。順帶一提，「精簡型用戶端」原本指的是「使用由伺服器提供之服務」的電腦，但這裡可以理解成「暫時由單一使用者佔用的電腦」。

而「應用程式虛擬化」，則是將Microsoft的Word、Excel等原本是在個人電腦上運作的應用程式放到伺服器上運作，再透過網路由多名使用者共同使用的服務。它跟桌面虛擬化一樣可用「精簡型用戶端」使用。

「客戶端虛擬化」是在一台PC上同時運作Windows和MacOS等不同的OS，來提高使用者的便利性。

「儲存裝置虛擬化」是由多台電腦共用俗稱儲存裝置（storage），也就是用來儲存資料和程式的裝置，藉以提高使用效率和便利性。

「網路虛擬化」是讓使用者只需透過軟體設定，就能調配、變更網路連接線路或QoS（Quality of service，網路流通量、反應時間、安全性等的品質）、路由器和交換器等網路機器配置的技術。

第 5 章

已成為新時代電腦使用常識的雲端運算

"

雲端運算是一種「共用電腦功能或性能的系統」，通常簡稱「雲端」。比如國際級大型雲端供應商Amazon的子公司Amazon Web Service（AWS），據說旗下便擁有數百萬台伺服器。順帶一提，全日本擁有的伺服器總和約為250萬台，足見AWS的規模之大。

由於AWS伺服器的折舊年限為3年，每過3年就要汰換，因此光AWS一間公司每年就得採購數量龐大的伺服器。全球每年的伺服器總出貨量約1,000萬台，相較之下日本國內只有約40萬台，相差了好幾位數。

AWS活用其規模，不採購現成產品，自己設計特規的伺服器，再外包給台灣等地的企業生產。同時，扮演伺服器核心的CPU也採用自有設計並大量外包。網路機器和其他設備也是，全都使用專為自家服務研發和製造的型號。

自己研發機器和設備，再透過大量採購降低價格，系統管理則高度自動化。AWS透過這種做法，活用「規模經濟」降低設備投資成本，將營運管理的效率化做到極致，得以向使用者提供價格低廉的運算資源租用服務。除AWS，Microsoft、Google、IBM、Alibaba等公司也運用相同的做法提供同類服務。

在還沒有雲端的時代，企業要使用電腦，就只能以自有資產的形式購買硬體和軟體，並自己營運管理；但在雲端出現後，電腦運算資源變成了一種服務。使用者只需付出最基本的初期投資，並依照使用量支付費用，就能使用運算資源。這就跟從古代各家庭要喝水只能自己掘井並打水，進化到只需打開水龍頭就能取水一樣。而且這些服務都是「依量計價」，所以不會產生浪費。

由此可見，「雲端運算」從根本上改變了電腦的使用方式。

商業意義的「雲端運算（Cloud Computing）」一詞最早是在2006年出現，由當時Google的CEO艾立克‧施密特在以下演講中提到。

「它始於這樣的理念：數據服務和架構都應該放在伺服器上。我們稱之為雲端運算，它們應該位於某個『雲（cloud）』中。而且只要你有合適的瀏覽器或合適的訪問方式，那麼不論你使用的是PC、Mac、手機、BlackBerry還是其他設備（包括尚未開發的設備），你都可以訪問雲端。無論資料本身還是資料處理，以及其他所有東西應該放到伺服器上。」

「雲（cloud）」指的是網路，因為當時的模式圖常用雲朵圖案來代表網際網路（Internet）和網路（Network）。施密特的這段話可整理為以下三點。

❖ 將系統設置在連上網際網路的資料中心，
❖ 透過可以使用網際網路和瀏覽器的各種設備，
❖ 即可以服務的形式使用資訊系統的各種功能或性能的機制。

現在，雲端也被運用在追求高度安全性和穩定性的基幹業務系統，以及銀行系統等關鍵任務（全年全天24小時都不允許因故障或操作失誤而停止）的系統上。

同時，在2018年，日本政府也確定了「政府機關的資訊系統將優先採用雲端服務」的方針（雲端優先原則）。而在跑在日本前頭的美國，CIA（中央情報局）已在使用AWS，DOD（美國國防部）也正逐步將系統轉移到雲端。如今已是連要求高度機密性、可用性、可靠性的政府機關都在使用雲端的時代。

以資產形式擁有運算資源難以迅速應對變化，容易拖慢組織的步伐。此外，要因應日益巧妙的網路攻擊威脅，不論企業或政府，都被迫承受巨大的負擔。而雲端作為解決問題的手段，可以提供使用者更多選項。

本章，我們將詳細介紹雲端技術。

從「自發電模式」
到「發電廠模式」

工廠內的發電設備
電力供給不穩定　自己擁有發電設備

電 力

工廠內的設備

・自己負責發電設備的營運、管理、維護　・缺少應對需求變化的靈活性

電力公司／發電廠
大規模發電設備　實現低價格和穩定供給

輸電網

工廠內的設備

・不用營運、管理、維護發電設備　・可靈活應對需求變化

資料中心
大規模的系統資源　實現低價格和穩定供給

資料　**網路**

系統使用者

・不用營運、管理、維護系統　・可靈活應對需求變化

電力當初之所以會被用於日常生活，是為了點亮「電燈」。電燈用的發電和輸電設備只具有剛好足以點亮電燈的能力，無法用來驅動工業生產中用到的大量馬達。因此，在19世紀末到20世紀初期，電力剛被應用在工業生產領域時，為了確保穩定的電力，公司大多選擇自己採購發電機來發電。

然而，發電機不只非常昂貴，還必須自己出錢出力維護和管理。同時發電機的能力也有極限，當突然需要增產或需求改變時，都無法臨時應對。

為了解決這個問題，電力公司提高了發電和輸電能力，開始提供足以用於工業生產的高功率且穩定的電力，同時也降低電費。此外，透過共用發電機，即便電力需求發生改變，整體也會互相抵銷，因此可以依照實際的需求變化，穩定提供工廠所需的電力。於是，企業漸漸沒有自己購置發電機的需求。

若把電力換成IT的話，那麼發電廠就像是資料中心，用來保管放置運算資源，亦即執行運作的CPU、保存資料的儲存裝置、控制通訊的網路機器、以及支撐這些設備的電力和散熱等設備。而輸電網就是公共網路或企業專用的網路。這套機制不同於運算能力有限的企業自有系統，即使運算需求發生改變也能靈活地應對。此外，就跟電力一樣，由於是按使用量計價，所以不需要鉅額的初期投資。

只需像把插頭插上插座一樣連上網路，就能隨時存取的雲端運算服務（以下簡稱雲端），令整個產業從IT功能或性能的「自有」模式轉移到了「使用」模式。

而且雲端不只改變了上述的基礎設施，也使平台和應用程式等軟體從買斷使用權的「擁有」模式逐漸轉移到「使用」模式。

雲端是系統資源的網路商城

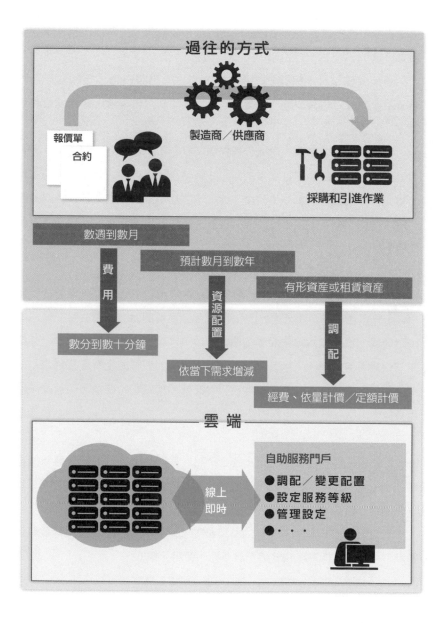

資訊系統從「自有」的企業資產變成「使用」的外部服務後，就能輕易地調配或改變系統資源。

比如，在雲端出現前的「自有」時代，企業必須經過以下眾多手續才能架好一套資訊系統。

❖ 配合租賃期間預測將來的需求來配置資源（sIzing）

❖ 向IT供應商招標尋求報價，交涉價格

❖ 製作請示書，請上層撥款

❖ 向IT供應商下單

❖ IT供應商委託製造商製造

❖ 組裝供應商交付的零組件

❖ 將硬體設置在使用企業內，然後安裝和設定軟體

從開始上面的繁雜手續，到系統終於可以實際使用，中問往往歷時數週到數個月之久。另一方面，如果換成雲端的話就簡單很多。

❖ 考慮目前需要的使用量配置資源（估算需要多少算力）

❖ 在網頁上的選單畫面勾選系統配置

❖ 在選單上設定安全性和備份等管理選項

整個過程大概只需要幾分鐘到幾十分鐘吧。當使用量增加或是運用條件改變而必須調整時，只需要再次打開網頁選單改變設定就好，因此組裝系統時也完全不需要去推測難以預測的未來。而且，雲端也有提供自動依照系統負載的變化變更系統資源的功能。

至於使用費就跟電費一樣是按實際使用量付費，不需要的時候隨時可以停用，因此可以降低投資風險。

「提供企業或組織，在需要時可按需求調配系統能力或性能之系統資源的網路商城。」

所謂的雲端，或許就是這樣的東西。

如何理解雲端的性價比

用於轉移、變更環境的一次性開銷

性價比從長期來看固定不變

租賃

$

-例-

Amazon
Web Services
2006/3/14～
經過50次降價

系統相關機器的性價比

雲端

定期增加新機種並汰售換新，
持續改善性價比

124

系統機器的性能每年都在提升。然而，過往的「自有」系統對企業而言是一種資產，必然會不斷折舊，而且在到達折舊期限前都無法更換新設備，在折舊期間完全享受不到IT產品的性能和功能提升。

就連軟體也一樣，若用買斷方式保有使用權，即使之後出現功能更好的新產品，也無法輕易汰換。而且舊有產品還可能因為版本升級受限與新駭客手段的出現，面臨安全性、支援性不足的問題。

相反地，雲端供應商可以透過大量外包製造專為雲端服務打造，極力減少多餘功能或零件的特規機器，降低採購價格。不僅如此，雲端供應商還透過極致的自動化減少人事費用，同時持續引進最新機器，依序汰換老舊機種，持續改善性價比。此外，還會不斷投資研發最新科技充實自家服務，並持續提出新的運算服務方式。

比如全球最大的雲端業者AWS（Amazon Web Services），自2006年開始營運以來已經歷多次降價，服務內容也愈來愈充實。這種速度和更新頻率是「自有」模式絕對辦不到的。此外，如果選用AWS，還能享受到利用最新科技提升業務的AI功能、可應對多樣化網路攻擊的資安功能等滿足最新時代需求的服務。換個角度來看，在相同預算下，數年後AWS將可提供數倍於自有系統的性能和最新功能。

當然，把已有的系統換成雲端需要花錢。此外，直接把舊有的使用模式拿到雲端上使用，不僅無法享受到雲端特有的優秀功能和各種好處，還可能使得性價比變差、使用費居高不下、安全性要件不相容、必須改變運用管理方法、增加新的管理負擔等的缺點被放大。

要避免這種情況，必須正確認識雲端的特性與功能，改用能將雲端優點發揮到最大的系統配置和使用模式。相對地，只要成功轉移，就能長期且持續享受到性價比的改善。

雲端問世的歷史背景

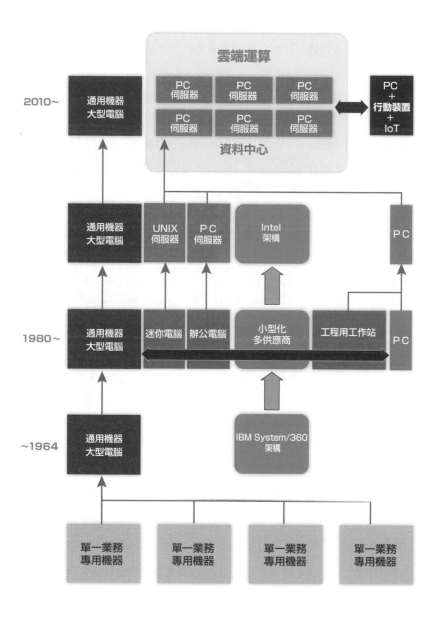

本

節讓我們一起來回顧歷史，看看雲端為何會在今日成為眾所注目的焦點。

●一切始於 UNIVAC I

Remington Rand公司（現Unisys公司的前身）在1951年推出世界第一台商用電腦UNIVAC I。在此之前，電腦幾乎都是用於軍事和大學的學術研究，幾乎沒有商業上的應用案例。而UNIVAC I的問世改變了這個常識，被許多企業引進使用，因此當時UNIVAC幾乎就是電腦的同義詞。

●當時電腦的各種問題

見到UNIVAC I的成功，其他許多公司也開始製造、銷售商業電腦。然而當時的電腦全都是專為特定業務目的設計的專用機器。因此，同時擁有多種業務的企業，就必須替每種業務採購不同種類的電腦。這不僅得花費很多錢，而且不同用途的電腦所用的技術和設計都不同，因此操作方式也不一樣，必須個別學習。此外，當時跟現在不同，不同電腦可運作的程式和可連接的機器都是固定的。因此運用和管理的負擔非常大。

對電腦製造商而言，要分別研發、製造各式不同種類的電腦也是一大負擔。

●通用計算機的登場

1964年，IBM發表了一台顛覆了上述常識的電腦——System/360（S/360）。這是一台可以全方位360度處理任何業務的「通用電腦」，也就是現在所說的大型電腦。

S/360不只是為商用設計，也是為科學計算設計，因此也能執行浮點數計算。而且IBM還將這項技術規格標準化，發表了「System/360架構」。

「架構（architecture）」就是「設計思想」或「設計方式」的意思。只要「架構」相同，那麼不論電腦的規模是大是小，都能保證軟體和資料可以互通，可連接的外部機器也同樣通用。

透過這個「架構」，IBM確保了各種不同規模和價格的產品可以互相交換共用。即使企業的規模和業務目的不一樣，也能使用相同「架構」的產品。關於該產品的知識與軟體也能直接沿用，不僅大幅提升了使用者的便利性，供應方也能降低開發成本。

同時，因為IBM公布了「架構」，所以IBM以外的企業也可以自己開發能在S/360上運作的軟體，要開發與IBM相同的機器也非常容易。於是，S/360衍生出了許多相關商機，最終形成了自己的生態系。藉由開放「架構」，IBM的電腦迅速成為業界的標準，席捲了整個市場。

在同一時代，日本的通商產業省（簡稱「通產省」，現改名為「經濟產業省」）為保護國內的電腦製造商，也推出政策輔導民間開發與S/360的後繼者S/370的「架構」相容的電腦，助富士通在1974年推出FACOM M190。

● VAX11 的成功與小型電腦的登場

在IBM穩坐業界龍頭的1977年，DEC公司（現已被HP收購）發表了一台名為VAX11/780的電腦產品。跟IBM的電腦相比，這台電腦每單位處理性能的價格便宜很多，最初被應用在科學計算領域，後來很快擴張到商務計算領域，令DEC成為僅次於IBM的業界二哥。

1980年代，除VAX11外又出現了許多小型電腦。這些電腦即是後來被稱為辦公電腦、小型電腦、工程用工作站的電腦。在大型電腦普遍昂貴的當時，這類電腦滿足市場期望更便宜、易用之電腦的需求，很快就普及開來。（譯註：辦公電腦為當時日本獨有的電腦種類，現已無此分類）

後來，這些小型電腦的性能變得更好，可以完成許多原本只有大型電腦才能做到的工作。同時，愈來愈多新業務轉變為一開始就在這些小型電腦上開發，或使用市售的套裝軟體。這個趨勢被稱為「小型化（downsizing）」。

差不多就在同一時期，個人電腦（PC）也緊接著出現。蘋果、

RadioShack、康懋達在當時被稱為PC御三家，推出了專門給個人消費者使用的電腦。後來個人電腦逐漸也被用來執行試算表、文書等辦公室業務。而商業電腦霸主IBM也馬上搶進個人電腦市場，在1981年推出Personal Computer model 5150（俗稱IMB PC），一口氣加速了PC的商業應用。

● IMB PC 相容機的誕生

各種小型電腦的出現也導致技術標準的混亂。而前面介紹的IBM PC的問世，卻大大改變了這個狀態。IBM的品牌號召力提升了市場對PC的信賴，讓PC走進了商務應用領域，繼而催促其他公司推出可直接相容IBM PC軟體的個人電腦。這促進了PC的價格競爭，並擴大了市場，使IBM PC及其相容電腦在商業領域奪得壓倒性的市佔率。

在PC市場起步較慢的IBM為了盡快在市場推出產品，決定直接在產品中使用市售的零組件，並公開技術，鼓勵其他公司為自家生態打造周邊機器和應用程式。當時IBM選擇了Intel的處理器（CPU），並向Microsoft購買作業系統（OS）。

另一方面，Intel也公開了自家的CPU技術標準「Intel架構（Intel Architecture）」，並推出套裝產品，裡頭不只包含CPU，還一併提供組裝電腦時不可或缺的周邊半導體晶片和電路板（主機板）。而Microsoft也開始販賣可在Intel產品上運行的基礎作業軟體（OS，Operating System）。

從此以後，IBM以外的企業也能自由生產與IBM PC具有相同功能的PC產品。這便是IBM PC相容機的誕生背景。

價格便宜，而且性能比IBM本家PC更好，還能使用相同的周邊機器、運行相同應用程式的IBM PC相容機廣受市場好評，使用者迅速增加。IBM PC相容機的製造商也隨之增加，展開激烈的價格競爭。就這樣，IBM PC相容機席捲市場，為現在的Windows PC埋下伏筆。

● Wintel 的興盛與企業總資本成本的降低

諷刺地是，IBM本家PC的市佔率反被IBM PC相容機搶走，銷量陷入停滯，獲利也大幅惡化。最終IBM不得不賣掉PC事業。

在那個PC市場快速擴大的時代，Intel每年都不斷開發出性能更好的CPU，而Microsoft除了個人用的OS外，還開發出專為多名使用者打造的伺服器OS，Microsoft Windows OS和Intel CPU的組合席捲了整個電腦市場，創造了俗稱Wintel的時代。

原本各種架構林立的混亂情況被Wintel統一，再加上科技進步和規模化生產，電腦的採購成本大幅下降。到了1990年代中期，已是每人都擁有一台PC，每間公司都擁有一台大型電腦或數台伺服器電腦的時代。

● 總體擁有成本的上升與雲端的登場

但企業大量引進電腦後，因為自有設備伴隨而來的維護、管理的成本（※TCO：Total Cost of Ownership）大幅上升，包含了放置電腦的設備和空間、安裝與更新軟體、故障排除、安全策略等。其金額甚至高達IT預算的6～8成。而雲端正是在這個時期出現的。

無須自己擁有運算資源，而是像付電費一樣只按實際需要與使用的功能或性能支付使用費，在這個必須迅速應對變化的時代，可說是非常方便的做法。而且，雲端不僅能第一時間讓使用者利用最新科技，還提供了可應對日益巧妙之網路攻擊的高度安全策略，因此企業若想推動數位轉型，應該先考慮使用雲端。

※TCO（Total Cost of Ownership：因擁有所產生的成本）。在擁有IT資產時伴隨的維護、資安、汰舊換新、備份等運用管理以及閒置時所產生的必然成本。

雲端帶來的本質性變化

雲端帶來的改變，不只有系統資源的調配手段變化而已。還引發了更加根本性的變化。

智慧型手機和穿戴式裝置等智慧裝置、電腦以及其他具有通訊功能的物品，現在都能如家常便飯般地隨時連接網路，全年全天24小時將使用者的活動與現實世界的「事物」和「事件」收集成資料，即時上傳到雲端。

而雲端會使用這些資料，為我們提供各種各樣的服務。比如汽車內的感測器和GPS，可跟自動駕駛功能或安裝在道路上的感測器連線，幫助駕駛人避開塞車路段，達到節省燃料、縮短駕駛時間、降低事故發生等效果。此外，結合居家設備和家電產品，也有助於節能和提高生活舒適度。還有，跟人體緊密接觸的穿戴式設備也會收集人體活動量和其他生理資訊，提供預防疾病和飲食的建議來維持使用者的健康。

另外，社群媒體也具有將我們的想法和感受轉換成資料的作用，將我們的生活型態、行動特性、興趣、嗜好等相關資料儲存到雲端，並依照這些資料提供資訊和廣告。

現實世界的物體和事件（個人行動和社會性活動），如今都跟雲端「聯繫」在一起，建立了唯有兩者結合才能正常運作的經濟活動與生活的新基礎。

在兩者的結合下，物理世界與數位世界，又或者說線下世界與線上世界的邊界已日益模糊，甚至可以說早已融合為一且大幅轉變，成為一個不分彼此、共同運作的社會。

這種常識的巨大轉換——「典範轉移」，便是雲端帶來的本質性變化。

數位轉型也可以說是讓企業適應這種「本質性變化」的策略。換言之，企業必須因應這種社會和生活型態的變化，完全改變過往的工作方式，使組織有能力去應對新的常識。而雲端作為數位轉型的手段，重要性正與日俱增。

從資訊系統的現狀理解
雲端為何備受期待

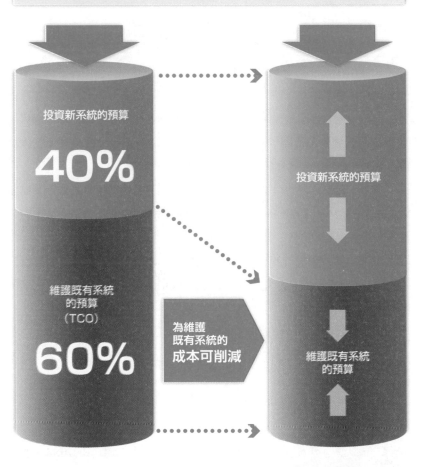

無法期待IT預算增加！

投資新系統的預算
40%

維護既有系統
的預算
(TCO)
60%

投資新系統的預算

為維護
既有系統的
成本可削減

維護既有系統
的預算

❖TCO上升
❖IT預算觸頂

對雲端的期待
「自有」達到極限，
故退而求其次只求能用

要提高業務效率，或維持業務的成長力與競爭力，IT是不可缺少的存在。然而，IT的應用範圍愈廣、重要性愈高，就需要付出愈多成本確保安全性和預防災損。同時業務的第一線也面臨IoT或AI等新科技的挑戰。

儘管IT的需求日益高派，但負責管理企業內IT系統的資訊系統部門，卻面臨了2大問題。

第一個問題是TCO（Total Cost of Ownership）的上升。據說在大多數企業內，既有系統的維護、管理、故障排除、保養等成本，會吃掉IT部門大約8成的預算。

之所以會如此，是因為過去投資在設備和軟體上的IT資產總額會變成IT預算的「鐐銬」，假如其折舊年限為5年，那麼實質可用的預算就等於資產總額的20%。實際支出不能超出這個範圍乃是組織內的默契，況且資訊系統部門還隨時承受著削減預算的壓力，這部分也必須一併考慮。就算想滿足業務或經營的新需求，也因為TCO太高而無法辦到。

而且未來也完全看不到上層增加IT預算的可能性。這便是資訊系統部門要面對的2大問題。

既然如此，那麼只要放棄「自有」，省去資訊系統的管理和運用維護工作，就能削減TCO。此外，若採用雲端提供的平台或應用程式，還能減少開發時間，視情況甚至無須開發。如此可以降低營運管理的負擔，並立刻為第一線提供應用程式。可以說這就是雲端備受期待的原因吧。

當然，要注意並不是使用雲端就一定可以減少TCO，還必須仔細考量雲端的收費方式、系統設計邏輯以及管理機制等等。如果這方面沒有研究清楚，反而會增加開銷，或是遇到無法發揮穩定的性能、無法確保安全性等新問題。

不過，對於過去除了「自有」沒有其他選擇的資訊系統來說，現在無疑多了「租用」的新選項。

雲端的起源與定義

NIST
National Institute of
Standards and Technology
U.S. Department of Commerce

Special Publication 800-145

The NIST Definition of Cloud Computing

Recommendations of the National Institute of Standards and Technology

美國國家標準暨技術研究院

服務模式

部署模式

5個重要特徵

雲端運算是一種

可在需要時隨時取用

運算資源的機制

在2006年，由於當時Google的CEO艾立克‧施密特的演講使「雲端運算」一詞進入了公眾視野。

在最喜歡新名詞的IT業界，大家爭相把雲端兩個字掛在嘴上，或用來宣傳時代的改變和自家公司的先進性，或用來推銷自家產品與服務，讓詞彙開始被廣泛使用。結果每家公司都有自己的定義，使得市場上產生了各種誤解和混亂。

最後為這場混亂畫上休止符的，是美國國家標準暨技術研究院（National Institute of Standards and Technology，簡稱NIST）。該組織在2009年公布了「雲端的定義」。但這不是嚴謹的標準，更像是為雲端的概念定出一個範圍。

「雲端運算是一種模式，讓使用者可在任何地方、任何時間通過網路訪問，按需求從共享的、可部署的運算資源池（例如，網絡、服務器、儲存、應用程序和服務）中存取資源。這些資源可以快速提供和釋放，只需很少的管理工作或服務供應商介入。」

這些五花八門的雲端使用型態可進一步分類為「服務模式（Service Model）」和「部署模式（Deployment Model）」，並舉出「5個雲端不可或缺的特徵」。

❖ 隨需自助服務：使用者在網頁上完成系統配置和各種設定後，即可自動執行
❖ 隨時隨地從網路存取：可從包含PC在內的各種裝置使用
❖ 資源共享：多名使用者共享系統資源，可互相融通的機制
❖ 高速擴充性：可按使用者需求立即擴充或縮減系統
❖ 服務可以計量：具備可如電費般計算服務的使用量，比如使用了多少CPU算力或儲存容量的機制，並可以依量計價（用多少付多少）

未來，隨著雲端的普及和新科技的登場，這個名詞大概還會出現更多種解釋。然而，雲端基本的概念框架目前仍具廣泛共識，各位只需要理解本書整理出來的定義就夠了。

雲端的定義：服務模式

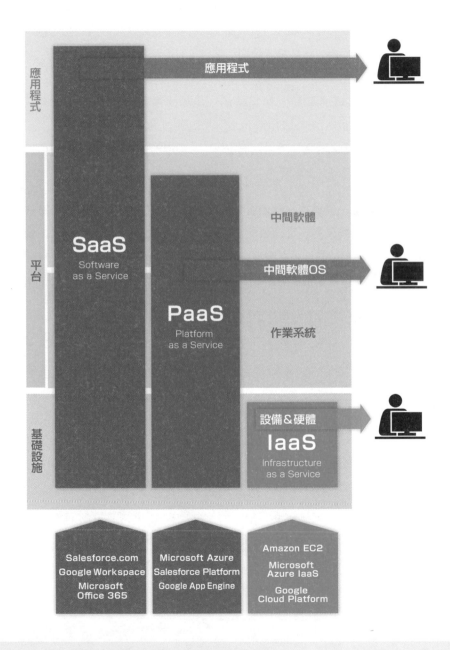

應用程式

應用程式

SaaS
Software
as a Service

中間軟體

中間軟體OS

平台

PaaS
Platform
as a Service

作業系統

基礎設施

設備&硬體
IaaS
Infrastructure
as a Service

Salesforce.com
Google Workspace
Microsoft
Office 365

Microsoft Azure
Salesforce Platform
Google App Engine

Amazon EC2
Microsoft
Azure IaaS
Google
Cloud Platform

「服」務模式（Service Model）」是依照服務方式的差異來替雲端分類的思考方式。

● SaaS（Software as a Service）

提供電子郵件、行程管理、文書製作、試算表、財務會計、銷售管理等應用程式的服務。使用者不需要具備運作應用程式的硬體或OS等知識，只要知道怎麼設定和使用應用程式的功能即可。比如Salesforce.com、Google Workspace、Microsoft 365等。

● PaaS（Platform as a Service）

提供眾多應用程式共同需要之功能的服務。具體內容包含OS、資料庫、開發工具、執行時所需的函式庫或執行管理功能等等。比如Microsoft Azure AD、Salesforce Platform、Google App Engine、AWS Lambda、Cybozu kintone等。

● IaaS（Infrastructure as a Service）

提供伺服器、儲存裝置等硬體功能或性能的服務。如果是「自有」系統，每次採購時都需要跟供應商洽談，處理各種手續和安裝工作。但使用IaaS的話，只需要從網頁上的自助服務窗口完成設定，即可快速增減系統。另外，儲存容量和伺服器數量等也一樣只要稍微調整設定即可按需求增減。路由器和防火牆等網路功能與連接也同樣只需設定就能架設。比如Amazon EC2、Google Compute Engine、Microsoft Azure IaaS等。

「所」謂的服務，本來是指「不提供有物理實體／形體的產品，只提供功能或性能來收取報酬的交易」。而雲端正如前述定義，不以任何實體方式提供應用程式、平台、基礎設施，只提供它們的功能，所以才被稱為「～as a Service（～即服務）」。

多樣化的雲端服務分類

自己擁有	IaaS 裸機伺服器	IaaS 虛擬機	CaaS	PaaS	FaaS	SaaS
由使用者企業管理						
應用程式	應用程式	應用程式	應用程式	應用程式	應用程式 ⋯⋯⋯⋯ 連接功能	應用程式
資料	資料	資料	資料	資料	資料	資料
執行環境	執行環境	執行環境	執行環境	執行環境	執行環境	執行環境
中間軟體	中間軟體	中間軟體	中間軟體	中間軟體	中間軟體	中間軟體
容器管理功能	容器管理功能	容器管理功能	容器管理功能	容器管理功能	容器管理功能	容器管理功能
OS	OS	OS	OS	OS	OS	OS
虛擬機	虛擬機	虛擬機	虛擬機	虛擬機	虛擬機	虛擬機
硬體	硬體	硬體	硬體	硬體	硬體	硬體
					由雲端服務業者管理	

在 2009年NIST公布的雲端定義中，服務模式被分為SaaS、PaaS、IaaS三種。這個分法的大概念目前仍被沿用，但隨著科技發展和雲端普及，嚴格來說已漸漸不合時宜。

比 如IaaS當初指的是提供「虛擬伺服器」的服務，但近年也出現了提供「實體伺服器」的「裸機服務」。所謂的「裸機」就是「空機」的意思，即沒有安裝任何OS或軟體，純粹只有硬體的伺服器。

原本IaaS是透過虛擬化來享受降低成本和提高可擴展性的好處，但虛擬化卻存在輸入和輸出處理性能較差的特徵。而裸機伺服器的出現正是為了解決此缺點。

舉例來說，負責處理網頁存取要求的前端Web伺服器，可以使用擴展性高的虛擬伺服器；而需要輸出輸入處理性能的後端資料庫伺服器，則使用裸機的實體伺服器。

除 了裸機伺服器，現在還出現了提供「容器管理」功能，由雲端業者幫你管理和維護容器的「CaaS（Container as a Service）」；以及替你將使用容器做好的應用程式功能零件（服務）連接起來，並代為管理執行的「FaaS（Function as a Service）」。

FaaS是種不需要自行設定和管理執行應用程式用的伺服器，就能以「無伺服器」方式開發和執行應用程式的服務。伺服器等基礎設施的架設和管理全部交給雲端業者，使用者可以把時間和人力全部投入應用程式開發。

這種區分並非絕對的「標準」。然而，相信未來雲端服務仍將不斷吸取使用者的需求，變得更加多元，出現更多種類的「～as a Service」。

雲端的定義：部署模式

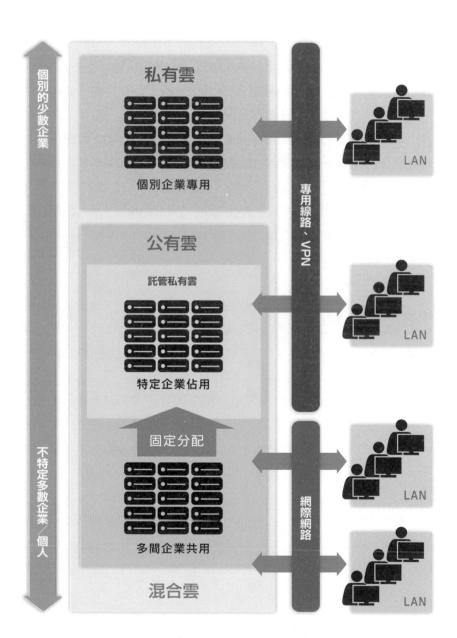

個別的少數企業

私有雲

個別企業專用

公有雲

託管私有雲

特定企業佔用

固定分配

多間企業共用

混合雲

不特定多數企業／個人

專用線路、VPN

網際網路

LAN

LAN

LAN

LAN

「部署模式（Deployment Model）」是按雲端服務系統的設置地點差異來替雲端分類的思考方式。

「公有雲」是指多間使用者企業透過網路共用的雲端服務。早期所有的雲端運算服務都是公有雲。然而，也有些企業擔心「公有雲雖然方便，但跟其他人共用系統可能會影響伺服器反應時間和流通量，而且安全性也存在疑慮」，因此衍生了自己擁有系統資源，架設自己專用的「私有雲」概念。也就是用自有資產架設雲端運算系統，並專門提供給自家公司使用的做法。

然而，也有不少企業「想要享受私有雲的好處，但沒有自行架設的技術和財力」。因此，儘管在NIST的定義中不存在，但後來又出現了一種俗稱「託管私有雲」的服務。或者說成「私有雲出租服務」可能更容易理解。

這是將公有雲的系統資源固定分出一部分給特定使用者佔用，不讓其他使用者使用，再利用專用線路或加密化的網路（VPN：Virtual Private Network）連接，提供類似自家專用的私有雲體驗的服務。近年很多企業都把既有的業務系統移轉到公有雲上，而移轉的目的地便是使用「託管私有雲」。

而將公有雲和私有雲搭配組合的使用方式，則稱為「混合雲」。

在NIST的定義中，除了上述分類外，還有一種由地區或法令等共同關切事務所形成的組合或產業共同使用的「社群雲」，但現在很少使用此定義。

公有雲和私有雲組合而成的「混合雲」

類型	架構	說明	方法	架構難度
行動裝置連接	Private ↔ Public	用公有雲連接行動裝置,用私有雲處理基幹業務系統	存取目標業務應用程式的方法	低
個別運用	Private(業務A 業務B) Public(業務C 業務D)	分別用這兩者處理不同業務	業務的部屬與統一監視/管理方法	低
防災對策	Private 業務 ↔ Public 業務	平常使用私有雲,急難時切換到公有雲	資料或應用程式的同步方法或時間同步、網站切換方式、統一監視/管理的方法	中
調整負荷	Private 業務 → Public 業務(負荷調整)	當私有雲不堪負荷時,增加公有雲作為系統資源使用	難度依網路頻寬設定、分配是自動還是手動而異	高
SaaS連接	Private 業務 → Public SaaS	用公有雲使用SaaS,再用私有雲上的業務系統處理其產生的資料	SaaS/API連接的方法	高
應對尖峰	Private 業務 Public 業務	平常用私有雲處理,尖峰時加入公有雲擴充系統資源	資料或應用程式的同步方法或時間同步、網站切換方式、統一監視/管理的方法	高＋
增加靈活性	Private(業務A 業務B) Public(業務C 業務D)	依照業務狀況靈活運用兩者處理業務或資料	資料或應用程式的同步方法或時間同步、網站切換方式、統一監視/管理的方法	高＋

在 NIST的「雲端運算定義」裡頭，對於「混合雲」定義的描述如下方所示。

「由2個或多個不同的雲端運算基礎設施組成，但通過標準化或專有技術相互連接，使數據和應用程序可在兩者之間移動的系統。」

換言之，可以理解成「私有雲和公有雲無縫銜接的雲端系統」。

由企業擁有的私有雲，物理規模和運算能力必然存在限制。因此，若能結合私有雲和公有雲統一管理，當成自家專用的單一系統來使用，就能在實質上打造一個不受前述限制的雲端系統。這種使用方式符合混合雲原本的定義。

但除了這個定義外，其他還有很多種結合了公有雲和私有雲，將兩者截長補短的使用方式，而它們也都稱為混合雲。比如以下用法。

❖ 缺乏企業獨特性的電子郵件系統使用公有雲的SaaS，而需要嚴格管理安全性的人事資訊則由私有雲處理，並使用該資訊進行SaaS的身分驗證

❖ 使用公有雲的SaaS在行動裝置上進行費用計算，再將資料傳到私有雲上做會計處理和轉帳

❖ 通常業務使用私有雲，然後把系統備份和防災用的替代系統放到公有雲上，以便急難時可立即切換使用

不 過，如果你是因為「公有雲並非自有的系統，治理面和安全性都存在隱憂」才在某些系統使用私有雲，或許你應該重新思考一下。比如日本的政府部門和公家機關、銀行和保險公司等金融機構，以及美國的CIA（中央情報局）和國防部等要求高機密性和穩定性的組織，也都愈來愈常使用公有雲。

撇除後面會解說的「延遲時間」和「大量資料」問題，很多傳統上對公有雲的疑慮，如今已逐漸消失。

組合不同公有雲
實現最佳服務的多重雲

組合不同公有雲，
實現最佳功能或服務的用法

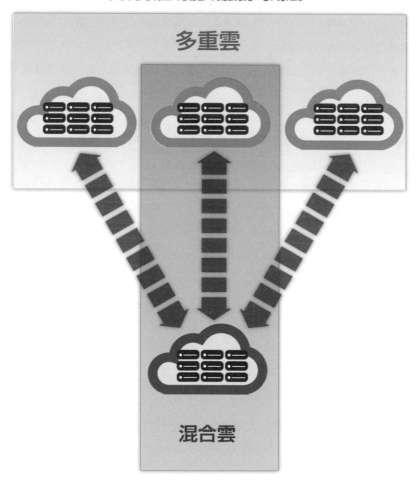

結合私有雲和公有雲，
發揮單一系統機能的用法

有個名詞叫「多重雲」。這個概念不存在於NIST的定義中，是種組合不同公有雲服務，打造最適合自己的雲端服務的做法。

舉例來說，「用AWS的專門服務收集並統整IoT資料」、「用每單位算力性價比高的GCP（Google Cloud Platform）進行資料分析」、「用可輕鬆設計使用者畫面和移動端介面的Salesforce.com，將結果提供給使用者」，結合這幾種服務來設計一個機械設備的保全／故障預知服務。

市場上的公有雲業者們為了做出差異化，都在功能與性能、運用管理方法、收費等政策上採取了不同戰略。自然地，由於每家的雲端服務各有自己的優勢，在不同使用方式下的性價比也不相同。而取每家雲端服務的長處，組合成最適合自己的使用方式，就是所謂的多重雲。

此外，若依賴單一雲端業者的服務，當該公司遇到系統故障或災難時，服務就會有中斷的風險。因此，也有些公司是為了提升系統在單一服務故障和出錯時的應對能力，而採用多重雲，刻意將系統分散到多個雲端服務上。

然而，多重雲除了上述的優點外，不同雲端服務必須使用不同的運用管理工具，而且運用管理業務也會變得複雜，且跨服務之間的功能連接和資料移動也很困難。這些都是必定會遇到的問題。

因此在使用多重雲時，最好也順便考慮使用不依賴於特定雲端服務的通用化、標準化系統設計，或是專為「多重雲管理」打造的工具與服務。

如今已經不是只用單一雲端系統的時代。運用混合雲或多重雲實現最佳系統組合的時代正在到來。

雲端不可缺少的 5 項特徵

隨需自助服務

隨時隨地從網路存取

資源共享

高速擴充性

服務可以計量／依量計價

無人系統

●削減TCO　●避免人為疏失　●立即應變

排除人力介入

混合雲

管理自動化

部署自動化

軟體化的基礎設施

註：對SaaS和PaaS
不是絕對條件

公有雲
供應商營運，
透過網路提供服務

私有雲
由自有機房或
自家的資料中心
管理和提供服務

根據NIST的定義，雲端具有5個不可缺少的特徵。

1. 隨需自助服務：使用者在網頁上完成系統配置和各種設定後，即可自動執行
2. 隨時隨地從網路存取：可從包含PC在內的各種裝置使用
3. 資源共享：多名使用者共享系統資源，可互相融通的機制
4. 高速擴充性：可按使用者需求立即擴充或縮減系統
5. 服務可以計量：具備可如電費般計算服務的使用量，比如使用了多少CPU算力或儲存容量的機制，並可以依量計價（用多少付多少）

為實現上述幾點，雲端系統使用了無須以物理手段，只需設定軟體即可架設或變更系統配置的「虛擬化與軟體化」；無須人力管理維護的「管理自動化」；以及只需從選單畫面設定，就能輕鬆調配或變更系統配置的「調配自動化」技術。這就是我們在第4章「軟體化的基礎設施」一節中介紹的「SDI（Software-Defined Infrastructure）」技術。

而這套體系若由雲端業者代為設置、管理，再透過網路以服務的形式提供給企業的話就是「公有雲」；由企業自己安裝、管理，而且只能在自家內使用的話，便是「私有雲」。

雲端的目的是利用這套體系徹底實現無人化，排除人為錯誤、使系統調配和變更高速化、減輕運用管理的負擔、減少人事費用，並長期持續地讓企業享受到科技進步後性價比提高的好處。

另外，雖然虛擬機監視技術的「虛擬化」是實現IaaS的基礎技術，但PaaS和SaaS一般不使用虛擬化技術。PaaS和SaaS是利用應用程式來管理使用者、資料庫的多租戶功能、使用容器實現隔離的應用程式執行環境等，相較於「虛擬化」的系統負擔更小，能更高效分離使用者群組的方式。

雲端帶來的 3 個價值

	價 值
資訊系統部門	**減少TCO** 藉由減少TCO增加IT的戰略投資
經營者	**改善資產負債表** 改善ROA 展現經營效率
使用者	**提高靈活性** 可即時應對變化的 系統資源調配機制

使用雲端，可助企業獲得以下3個價值。

● 資訊系統部門：減少 TCO

對IT的需求與日俱增，但要增加IT預算卻很困難。對於背負著無法產生附加價值的沉重TCO的資訊系統部門來說，TCO減少就代表可以把更多預算挪用到可產生附加價值的應用程式上。

● 經營者：改善資產負債表

若使用公有雲，IT系統對企業就不是資產，而是開銷。就算是用私有雲，也能提高使用效率，用較少的資產達到相同效果，改善ROA（資產報酬率）和ROI（投資報酬率）等財務數字。

● 使用者：提高靈活性

不確定性的增加，讓企業難以預先評估未來需要的系統功能和配置。就算能確定系統配置，也必須具備快速反應能力，靈敏地應對變化。相反地，雲端可以隨時按需求取用資訊資源或業務功能，而且用多少付多少，不需要的時候隨時可以中止，跟傳統模式相比，初期的投資風險很少，面對變化也更靈活。

花 錢使用雲端服務，不代表就一定可以發揮這些價值。因為雲端的開發和管理方式跟過去不同，所以需要的知識和技能也不一樣；而且改為依量計價後，預算的制定方式也要改變。如果沒搞懂這幾點就直接改用雲端，可能會無法發揮所需要的性能、無法確保系統運作符合組織規章或是使得雲端費用超支。

必須付出努力充分理解雲端，掌握所需的技能，才能夠真正引出雲端的價值。

公有雲的短處

【延遲時間】

機房的地理距離太遙遠時延遲會變長，所以要求短延遲的業務最好在同一地點完成

◆ 證券市場中需要每秒處理數千筆買賣的高頻交易（HFT:High Frequency Trading）

◆ 工廠第一線需要立即分辨良劣並剔除不良品的自動化品質管理工程

◆ 自駕車從辨識事故到採取迴避的一系列行動 等

訊號從日本出發
往返一次的延遲時間

美國本土	200毫秒
東南亞、大洋洲	100毫秒
東亞	50毫秒
日本國內	10~30毫秒
LAN	低於1毫秒

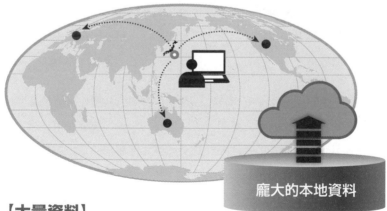

龐大的本地資料

【大量資料】

當第一線會產生大量資料，且必須立即保管、處理時，如果資料全部送到雲端就會產生龐大的線路費，因此最好是在同一個地點保存和處理

◆ 需取得／使用大量感測資料來執行業務

◆ 使用工廠機器的動作紀錄來檢查或改良機具的業務 等

前面說過，「公有雲」可將運算資源從「自有」轉換到「使用」，為企業帶來各種好處。然而公有雲也不是通用的，在使用前必須先認識公有雲在面對「延遲時間」和「大量資料」時會遇到的2個問題。

● 延遲時間

資料產生的源頭和處理資料的伺服器電腦之間，是透過光纖等通訊線路連結。而線路的距離愈長，訊號抵達另一端的時間便愈久。這就是「延遲時間」。

比如從日本跟美國西岸傳輸資料，訊號往返一次約得花費200毫秒。換言之，若使用資料中心位於美國西岸的公有雲服務，就算資料處理時間只有10毫秒，在發送指令後也得經過210毫秒才能得到結果。

換成從東京到新加坡等東南亞國家的話，這個延遲時間會縮短到100毫秒左右；到韓國和台灣等東亞地區則約50毫秒。而日本國內互傳的話又更短，可降低到10毫秒以下。至於一般公司內部的LAN（區域網路）則不到1毫秒。

另外，延遲時間雖然跟連線距離直接相關，但不一定只會受到距離影響，也可能受到線路路徑或中繼的網路機器等影響，導致結果產生很大差異，因此上面說的充其量只是參考值。

所以下列這些對延遲時間很敏感，亦即延遲時間不夠短就會出問題的業務，恐怕很難使用公有雲。

❖ 證券市場中需要每秒處理數千筆買賣的高頻交易（HFT：High Frequency Trading）
❖ 工廠第一線需要立即分辨良劣並剔除不良品的自動化品質管理工程
❖ 自駕車從辨識事故到採取迴避的一系列行動 等

●大量資料

　　當第一線會產生大量資料，且必須保存、處理它們時，若把資料全部上傳到公有雲，將會產生大量線路費用。例如以下情況。

❖ 需取得／使用大量感測資料來執行業務
❖ 使用工廠機器的動作紀錄來檢查或改良機具的業務 等

　　除了線路費用外，當處理的資料很大時，雲端服務的使用費也會增加。遇到這種情況，就必須審慎拿捏成效和成本的平衡。

　　述這兩個問題，都可以藉由將電腦主機設置在資料產生地來解決。然而，伺服器的設置和管理會變成企業的負擔。

　　不過換個角度來看，只要不存在「延遲時間」和「大量資料」的問題，就都能使用公有雲。在沒有公有雲這個選項的時代，唯一的選擇就是自己持有運算資源，但那個時代已經結束了。

　　優先使用公有雲，只在遇到上述限制時於使用場所設置自有主機，並讓公有雲和自有系統合作，或許是最合理的做法。儘管至今依然有人擔心安全性和治理方面的問題，但正如本章所述，抱持這種觀點和疑慮的人已愈來愈少。

　　外，雲端服務業者當然也明白這個狀況，這點稍後也會講解。雲端業者現在也有提供預裝自家公有雲的硬體產品，回應客戶的需求。

　　這些產品也內置了可以統一管理自家公有雲與自有系統的功能，以減輕使用者設置和管理系統的負擔。

　　但這種便利性的代價是系統可能會被特定生態綁定（很難換到其他家的服務），在使用前最好先認識到這個風險。

雲端帶來的典範轉移

雲端破壞了系統資源市場的價格。先前介紹的AWS自2006年開始服務以來，已經歷超過50次的降價；而Microsoft和Google也緊跟著不斷降價，展開價格競爭。

同時，雲端讓企業不需要投資系統設備就能使用運算資源，因此也不再需要準備放置硬體的設施。不僅如此，因為雲端是用多少付多少的依量計價式服務，使用的企業可依照實際需求調配系統資源，只需負擔極少的運維管理成本。以前企業要使用資訊系統，只能自行採購機器並聘雇運維管理的專家，必須做好得付出龐大初期投資成本的心理準備。

而雲端顛覆了這個常識，讓許多原本躊躇著不敢引進IT系統的業務領域和新事業都開始使用IT。換個角度來說，雲端大幅降低了「失敗的成本」，創造了可以放心嘗試與挑戰的環境。

「失敗成本」的降低會促進挑戰。而大量失敗經驗的累積會孕育創新。因此雲端也間接促進了IT的創新。

而且現在是不需要從頭編寫先進複雜的系統功能，只需組合雲端業者提供的功能或服務，就能創造一項新服務的時代。系統開發和管理的難度降低後，也間接增加了IT使用者的人數。IT新創公司的崛起和使用者企業的系統內部化擴大，也跟雲端的普及不無關聯。

伴隨此現象，IT在商務和日常生活的應用範圍日益擴張，更逐漸跟商業一體化。以IT為基礎的新商業模式，正在破壞傳統產業的既得利益和常識。同時IT也在不被使用者意識到的狀態下，悄悄融入了日常生活和環境，讓我們在不知不覺間享受IT的恩惠。

總而言之，雲端跟社會和商業的變革有著巨大關聯。

雲端運算的商業模式

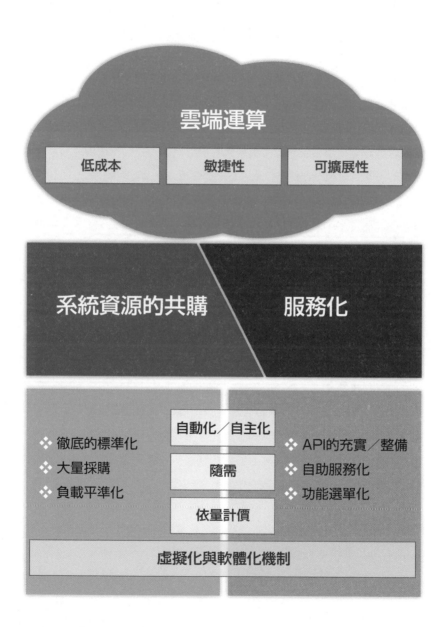

雲端運算是「系統資源的共購」和「服務化」機制組合而成的商業模式。

●系統資源的共購

雲端的系統設備是由使用系統資源的複數企業共同掏錢購買的。藉由共購的方式，可以降低調配成本，以及設備本身的運維管理成本。

雲端業者用自己設計的方式推動機材的標準化，然後大量生產、大量採購相同型號的機材降低採購成本，再透過徹底的自動化管理減輕管理成本的負擔。

以AWS為例，據說AWS擁有數百萬台伺服器，且伺服器資產的折舊期限為3年。若把汰舊換新和伺服器增設的情況都考慮進來，AWS每年應該都要採購超過百萬台伺服器。考慮到全球一年的伺服器總出貨量大約是1千萬台，AWS的採購量之多著實驚人。

同時，由於AWS不是採購市售產品，而是自行設計專用機材，再大量委外生產，故可發揮很高的量產效益，降低採購成本。加上使用AWS服務的企業數量非常龐大，AWS可以分散或平準化伺服器的負擔，運算資源的浪費相較於個別調配少很多，這點也有助於降低成本。

●服務化

服務化就是不需要任何物理性作業，只用軟體設定即可調配系統資源或變更系統配置的機制。而服務化的基礎，便是在基礎設施一節介紹過的SDI（Software Defined Infrastructure）和軟體化技術。

透過這2項技術，可以實現以低成本調配系統資源、提升系統變更的敏捷性、即時回應需求變化的可擴展性（系統規模的可伸縮性），配合用多少付多少的依量計價模式，可以幫助企業降低調配系統資源的初期投資風險。使用者可以毫無負擔地輕鬆取得所需規模的運算資源。

這麼看來，雲端不只是把調配系統資源的方式從自有變成租用，更能讓企業用上最新科技，是實現可靈敏應對變化的資訊系統的基礎。

公有雲就是將安全策略委外處理

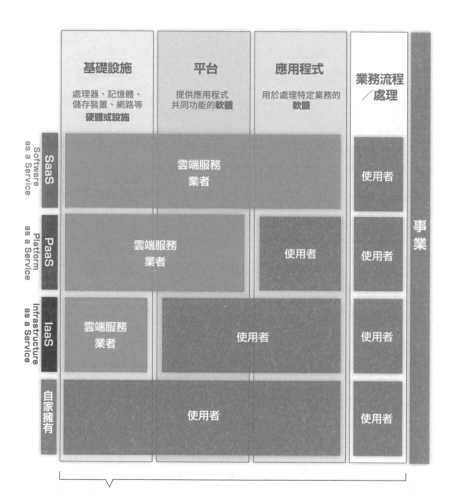

	基礎設施	平台	應用程式	業務流程／處理	
	處理器、記憶體、儲存裝置、網路等**硬體或設施**	提供應用程式共同功能的**軟體**	用於處理特定業務的**軟體**		
SaaS (Software as a Service)	雲端服務業者			使用者	事業
PaaS (Platform as a Service)	雲端服務業者		使用者	使用者	
IaaS (Infrastructure as a Service)	雲端服務業者	使用者		使用者	
自家擁有	使用者			使用者	

■ **功能或性能的改善**
■ **安全性**
■ **運維管理**
　● 監視運行
　● 故障處理
　● 備份 等

減輕系統的架設、運維管理、安全性等
不產生附加價值的負擔
SaaS＞PaaS＞IaaS
使用者可減少的負擔

積極分配經營資源
提高事業的效率和競爭力

公有雲是一種將安全策略委外處理的服務。比如SaaS就是把應用程式以下的所有事物，包含安全策略在內，都交給雲端業者處理。而PaaS是將中間軟體和OS等平台以下的部分，IaaS是將伺服器、儲存裝置、網路機器、資料中心設備等基礎設施交給雲端業者管理。當然，不委外的部分就得自己想辦法，所以盡可能把大部分事情交給別人處理，更能減輕自己在安全策略上的負擔。

　　雲端業者會全年全天盡最大努力確保系統安全性。所以現在很多企業都把基幹業務放到雲端上運作，就連嚴格要求安全性的銀行和保險公司等金融機構、政府機關也都使用雲端。像美國要求最高安全性等級的CIA就使用AWS，國防部也決定把系統轉移到雲端上。不過，若沒有根據自己的使用方式妥當地設定，也可能發生「不能用」、「產生不必要的開銷」、「發生意外」等故障，所以要注意使用雲端不等於使用者就不用承擔任何責任。

在資安威脅日益嚴重、複雜的現在，無論是技術上還是成本上，一般的企業或組織要自己承擔安全策略愈來愈不容易，因此愈來愈多人選擇把問題交給擁有大批資安專家團隊的雲端業者處理。否則企業就必須在安全策略上承受巨大負擔，無法將資源充分地分配給可以產生商業價值的應用程式。

　　當然，委外會有「無法照自己想要的進行」之缺點。但相對地能夠得到不費任何力氣就可享受高度安全性的巨大好處。事物總是存在正反兩面，只要正負相抵後的結果是正的，那麼改變原有做法以享受最大價值才是最合理的判斷。

　　如果你會因為「不知道原理」、「不是放在自己身邊」、「做法跟以前不同」而不安或排斥，無法活用雲端的價值，就沒有資格使用IT。請改變心態，更積極地學習「雲端業者採行了哪些安全策略」，藉此消除內心的不安，做出合理的判斷。

美日商業文化的差異與雲端

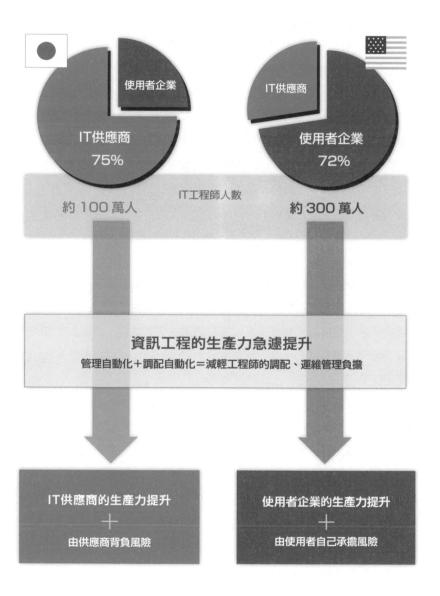

使用者企業

IT供應商

IT供應商
75%

IT供應商

使用者企業
72%

IT工程師人數

約 100 萬人

約 300 萬人

資訊工程的生產力急遽提升

管理自動化＋調配自動化＝減輕工程師的調配、運維管理負擔

IT供應商的生產力提升

＋

由供應商背負風險

使用者企業的生產力提升

＋

由使用者自己承擔風險

在美國，IT工程師有7成是在使用者企業內工作，雲端即是誕生於此。當初雲端在美國之所以受到關注，是因為它可以削減企業內部跟調配系統資源和變更系統配置等業務相關，負責提高IT工程師生產力的人員，繼而直接降低使用者企業的成本。

另一方面，日本的IT工程師有7成在系統整合公司或IT供應商工作，而一般企業的系統調配工作都委外給他們處理。因此IT工程師的生產力提升，就代表這些外包企業的工作會減少，對他們而言沒有半點好處。況且系統的調配和配置變更是一份伴隨風險的工作。在美國，這些風險是由使用者自己承擔；但在習慣將這些工作委託給外包公司的日本，風險是由外包公司的工程師承擔。因此對外包公司來說，雲端反而會損害他們的利益。

常有人批評日本的雲端普及速度遠遠落後美國，而這或許便是其背後的原因。

美日工程師的分配比例之所以恰好顛倒，是因為兩國的人才流動性不同。在美國，公司在遇到大的開發項目時臨時聘人，等項目完成後就解聘團隊，算是較為常見的現象。假如之後需要人力的話，再重新招聘就好。相反地，日本比較缺少這樣的流動性，因此主要透過將工作外包給系統整合業者來調整人才需求的變化。

但在這個講求「數位轉型」和「積極性的IT策略」，利用IT來創造競爭力的時代，很多使用者企業開始僱用工程師，推動業務內部化。而這些企業希望在不確定性高的商業環境中盡可能降低初期投資的風險，使組織有能力立即應對變化。因此，它們不需要自己擁有固定的系統資源，愈來愈多改選擇使用雲端服務。

同時，既有的IT設備經常面對削減成本的壓力。所以很多企業將既有的系統轉移到雲端，試圖透過自動化管理來降低成本。相信這2種動機將推動雲端在日本的普及。

雲端優先原則

日本的政府資訊系統雲端使用基本方針
https://cio.go.jp/sites/default/files/uploads/documents/cloud_%20policy.pdf

雲端優先原則（Cloud by default）

- ✓ 政府資訊系統應優先考慮使用雲端服務
- ✓ 在明確資訊系統化的目標服務、業務、處理信息等的基礎上，根據優點、開發規模和費用等進行考慮

Step0：檢討準備

在檢討雲端服務的使用前，先盡可能明確目標服務、業務、資訊等事項

Step1：SaaS（公有雲）的使用檢討與使用方針

對於服務和業務的信息系統化，如果其一部分或全部是SaaS（公有雲）提供**（包括根據SaaS（公有雲）的規格調整服務和業務內容的情況）**，則優先考慮使用雲端服務業者提供的SaaS（公有雲）

Step2：SaaS（私有雲）的使用檢討

對於服務和業務的資訊系統化，如果其一部分或全部是府省共通系統的功能、政府共通平台、各府省的共通基礎等提供的通信服務或業務服務，在選用SaaS時應優先考慮使用私有雲服務

Step3：IaaS／PaaS（公有雲）的使用檢討與使用方針

在SaaS的使用**存在顯著困難**，或缺少經費面優勢及其他好處的情況下，應優先考慮使用民間企業提供的IaaS／PaaS（公有雲）

Step4：IaaS／PaaS（私有雲）的使用檢討

在IaaS/PaaS（公有雲）的使用**存在顯著困難**，或缺少經費面優勢及其他好處的情況下，對於政府共通平台、各府省獨有的共用基礎等可用於構建伺服器的服務，在選用IaaS／PaaS時應優先考慮使用私有雲服務

地端系統的使用檢討

日本政府為因應少子高齡化現象，並推動經濟的持續發展，推出了活用AI、機器人、IoT等科技打造新社會的「Society 5.0」政策，作為日本未來社會的目標藍圖。而為支持此政策，日本政府在2018年6月7日制定了往後政府機關在部屬資訊系統時，應優先採用雲端服務的「雲端優先原則」。順帶一提，「優先（by default）」就是「預設採用」的意思。

這份原則提到，為了最小化開發規模和開發經費，政府單位應首先考慮使用運維管理負擔最少的公有雲SaaS；若發現難以使用，才依次考慮改用負擔更大的PaaS、IaaS。當前面這幾種服務全都存在顯著困難，或是無法帶來任何好處，且經費面上也不具優勢時，才選擇使用地端（自己擁有並自負管理責任）系統。

同時，報告還提示了幾個建議使用公有雲的情境。

❖ 難以正確預估系統資源，或可預見需求將會變更的情況
❖ 需365天24小時提供服務或不能沒有防災對策的情況
❖ 可透過網路直接提供服務（包含API）的情況
❖ 社會已普遍採用公有雲提供之技術、功能、服務（運維管理、微服務、分析功能、AI等）的情況

投標的IT供應商必須有完善的備份或防災機制，並取得安全性驗證。同時，日本於2020年9月成立的「數位廳」也接下督促各機關確實貫徹此原則的大任，積極推動雲端的使用。

在商業和社會環境加速變化的現在，自己持有系統資產不只是對政府，對民間企業而言也是拖累經營速度的包袱和風險。過去人們除了「自有」外沒有其他方法，但時代已然改變，如今限制「雲端優先」的條件正逐漸消失。不如說對於希望把經營資源用來強化競爭力和差異化，推動「積極性的IT策略」和「數位轉型」的企業經營者而言，「雲端優先」將成為必然的選項。

將自有系統轉移到公有雲上的關鍵點

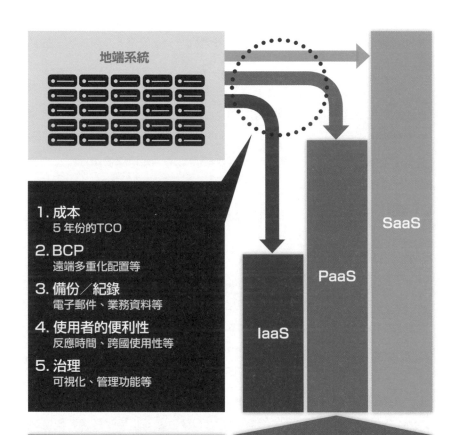

地端系統

1. 成本
   5 年份的TCO
2. BCP
   遠端多重化配置等
3. 備份／紀錄
   電子郵件、業務資料等
4. 使用者的便利性
   反應時間、跨國使用性等
5. 治理
   可視化、管理功能等

IaaS

PaaS

SaaS

若直接轉移的話
- 成本比地端系統更大
- 運維管理負擔增加
- 功能面無法滿足使用部門的需求
- 服務品質降低
- 無法確保安全性

❖ 思考上述組合的最優解
❖ 重新思考以雲端為基礎的架構
❖ 重構資訊系統部門的角色

若不改變系統的配置和管理方式，就算把既有的系統搬到公有雲上，也很難削減成本。其理由如下。

❖ 伺服器數量變多，系統變更複雜，運作成本和維護、支援費用都會增加

❖ 因為是按伺服器運作時間收費，如果跟自有系統一樣全天不停機使用，使用費會大幅膨脹

❖ 依照備份、冗餘配置、其他支援選項的使用情形，使用費會大幅變動

❖ 要另外支付下載資料（把資料移到外部）和外部網路線路的費用（區域網路、國際線路等）

❖ 運維管理等工作的相關人員的人事費不會因為把系統功能搬到雲端上而消失

就結果來說，反而可能發生「成本比以前更高」、「運維管理負擔增加」、「功能面無法滿足使用部門的需求」、「服務品質降低」、「無法確保安全性」等問題。

要避免此狀況，務實的做法是重新設計一套針對雲端最佳化的系統，並按照以下的優先順序選擇轉移目的地。

1. 優先轉移到開發和管理負擔最少的SaaS

2. 需要開發應用程式時，轉移到有提供現成的開發和執行機制，且運維管理也可以代管的PaaS或FaaS（Function as a Service：無伺服器的服務）

3. 無論如何必須沿用既有配置和管理方式的話，就轉移到IaaS或裸機伺服器

另外，對於一個程式內塞有各種不同功能的應用程式，也可以分解成多個不同功能的零件（微服務），放到容器內轉移至CaaS（Container as a Service）或FaaS上運作。

除了上述方法，引進雲端時還應該重新審視資訊系統部門的角色和技能。而IT供應商則得要因應前述的客戶需求來提供服務或建議。

被雲端吸收的 IT 商務

應用程式商務

· 商業開發
· 系統企劃
· 系統設計
· 程式開發與測試
· 開發與測試環境的架設
· 正式執行環境的架設
· 安全策略
· 運維管理
· 故障處理

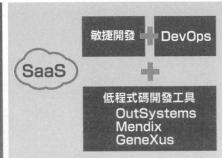

● 低程式碼開發
　● Salesforce.com　Lightning Platform
　● Microsoft　PowerApps
　● AWS　Honeycod

● 無伺服器運算／ FaaS ／ PaaS
● 容器維護／管理服務

網路商務

· 網路設計
· 網路機器的安裝與設定
· 安全策略
· 監視／運維管理
· 故障處理

 使用5G通訊網路建立的專用網路

雲端資料中心內的網路

雲端資料中心之間的骨幹網路

基礎設施商務

· 基礎設施的設計
· 基礎設施機器的安裝與設定
· 安全策略
· 監視／運維管理
· 故障處理

● 地端伺服器管理系統

☑ Oracle Dedicated Region @Cloud
☑ AWS Outposts
☑ Microsoft Azure Stack Hub

在只有系統「自有」這個選項的時代，要設置資訊系統必須經過採購、裝設硬體、安裝軟體、設定等很多手續。另外，使用者還必須自己準備用來擺放機器的機房或資料中心，以及電源、散熱、通訊線路等設備，與後續衍生的系統機器的販賣、施工、維護管理等作業。

然而「使用」雲端的話，硬體的買賣、裝設作業以及相關設備的工程，全部都由雲端服務商替你吸收。

即使部分系統仍由企業自行擁有，但如果採用混合雲架構，則該系統也需要具有與公有雲的兼容性和一元管理能力。

而公有雲業者這邊，也十分注重將客戶留在自己的生態圈，主動提供預裝有可統一管理自家服務使用之系統環境、公有雲、私有雲工具的硬體產品，滿足前述的需求。比如Amazon的AWS Outposts、Microsoft的Azure Stack Hub、Google的Google Distributed Cloud Edge、Oracle的Oracle Dedicated Region@Customer等等。這些產品都是安裝完系統後才出貨，因此現場的設置作業較少。另外他們也提供在故障時透過網路排除錯誤的服務，所以也不需要花費太多時間在這些事情上。

此外，若是之後5G（第五代移動通訊系統）普及，未來就不需要物理上的工程，只靠軟體設定就能架設高速的專用網路。同時，由於雲端業者的資料中心之間透過跨國性的高速網路連接在一起，所以使用者企業不需要自己準備跨地區的大範圍網路。在過去，架設網路必須付出龐大的費用和作業來準備機器和設備，而現在已經不再需要去做這些事。

由此可見，雲端的普及存在大幅改變傳統IT商務結構的可能性。

第 6 章

適應數位化社會
不可或缺的
伺服器安全

"

「變成一間能夠迅速應對變化的企業／敏捷企業。」

我們在本書開頭說過，這件事就是數位轉型的目的。要實現此目的，必須以數位為基礎重新改造所有業務。這句話也可以理解成要大範圍地將業務流程替換成「數位服務」。

因為「數位服務」的實體是「資訊系統」，所以業務流程全部數位化後，資訊系統的風險就是全公司的風險。因此企業必須將資訊系統的安全策略視為公司重要的經營問題，認真看待。

在企業持續改進安全策略的同時，帶有惡意的攻擊者們也不斷在適應事業環境的變化，發展更高超、巧妙的攻擊手段。舊有的資安常識已不再適用，進入了安全策略與攻擊策略無止境較量，不停進化的時代。

過去的資安策略基本上就是「努力預防攻擊，若遭受攻擊就立刻處理」。然而在現代的環境下，安全策略的重心已轉變為「因為不可能完全防範攻擊，所以要以一定會被攻擊為前提，設法在被攻擊後盡快恢復正常運作」。

正如前面所述，「安全策略是攸關事業經營生死的課題」，經營者必須充分認識到這點來推進安全策略。日本獨立行政法人情報處理推進機構（IPA）便公布了「網路安全經營指引 V2.0」來宣導資安的重要性，呼籲企業經營者認識以下3點原則來推動安全策略。

● 1.經營者要認識網路安全風險，發揮領導力推動安全策略

❖ 現今的環境已不可能避免網路攻擊的風險，資安投資是經營戰略不可或缺的一環，也是經營者的責任

❖ 當網路攻擊等造成損害時，組織有無能力做出迅速且適當的應對，將左右企業的命運

❖ 應將網路安全風險視為一種經營風險，設法應對，並任命專門的負責幹部（CISO等），且經營者自己也應發揮領導力適當地在資安上分配經營資源

● 2.安全策略除了自己公司外,也必須將生意夥伴和承包商在內的整個供應鏈納入考量

❖ 若生意夥伴對網路攻擊毫無防備,自己公司提供的重要資訊也可能會有外流等風險

❖ 必須制定一個除自家公司外,將生意夥伴和系統管理的承包商也納入的完整安全策略

● 3.不論平時或急難發生時,都必須公開網路安全風險與策略的資訊,跟相關者進行適當溝通

❖ 當損害發生時,若平時就有跟相關者做好適當溝通,將能減少相關者對企業的不信任感

❖ 必須平時就積極溝通,讓外界知道自己做了哪些網路安全策略

不只是自己公司,還必須把握包含供應鏈在內的所有環境,創造一個足以承受意外或攻擊的強韌環境。同時經營者應該把安全策略當成自己的責任,帶動整個公司去執行,而不是統統丟給IT部門。

IT原本的價值是提高業務的效率和便利性。所以企業必須小心謹慎,切忌要求員工去做多餘繁瑣的操作,或是明明對資訊安全毫無幫助,卻只因為是「慣例」就一直保留下來的行為(比如把檔案壓縮加密後用電子郵件寄出,然後再用另一封信寄解壓縮的密碼,即PPAP),結果反而摧毀了IT的價值。

「使用資訊系統提高效率和便利性,且在無需使用者特別注意、不造成使用者負擔的情況下,保護資訊系統的安全。」

所謂的「資安」策略,本來就應該如此定義。

本章,我們將為各位整理「資安」的基本知識。

安全性的分類和威脅

安全性（Security）

非IT相關

☑ 轉職時帶走機密資料
☑ 遺失機密資料
☑ 會議遭到竊聽 等

資訊安全
(Information Security)
確保資料及其衍生資訊的安全

IT相關

☑ 非法存取網站
☑ 竄改網站
☑ 員工非法傳輸機密資訊
☑ 約聘員工非法帶走機密資訊
☑ 惡意軟體非法傳輸機密資訊
☑ 業務資料被勒索軟體加密上鎖 等

網路安全
(Cyber Security)
應對可能威脅資訊安全的
原因或手段

☑ 網路攻擊的預告和脅迫
☑ 系統被控制或當成網路攻擊的跳板
☑ 控制類程式的竄改 等

物理安全
(Physical Security)
保護設施、設備、機材等
實體對象的安全性

☑ 非法進入機密區域
☑ 破壞伺服器等 IT 機器
☑ 控制線路進行竊聽 等

在所有業務都逐漸數位化的現在，除了確保資訊系統本身維持健全狀態外，防止資訊財產的損壞或遺失，確保在緊急時刻隨時能夠取用，已成為比過去更加重要的經營課題。而要確保這點，企業需要採取「安全策略」。

這裡說的「安全」分成「物理安全」、「資訊安全」、「網路安全」3類，每種安全性都需要獨自的策略。

● 物理安全

保護設施、設備、機材等實體對象的安全性。如果讓任何人都能進入保存資料的設施，隨意操作或拿走機器，就無法防範任何攻擊。物理上的安全策略包含「必須使用ID卡或輸入密碼才能進入資料中心和機房」、「設置監視攝影機或警衛人員」等。而在人員方面，則可實施「安全政策」和「員工教育」。

● 資訊安全

保護資料及其衍生資訊的安全性。比如，備有「規定資訊的處理方式以防資訊外洩或資料損壞」、「確保資訊隨時都能處於可使用狀態」等對策。

順帶一提，這裡說的「資料」和「資訊」是不一樣的東西。資料是指未加工未處理過的東西（文字、數字、來自感測器的訊號、Web紀錄等），資訊是指為資料加上某種基準或規定整理後，可以看出資料相關性和規則的東西（表格或圖等）。

● 網路安全

因應會威脅資訊安全的原因或手法。除了透過網路入侵的外部威脅外，也包含從內部將資訊竊取出去的威脅。包含一切惡意人士利用網際網路或企業內網，非法存取機密資訊或意圖妨礙業務的行為。

「資訊安全」和「網路安全」有很多重疊之處，但也有不一樣的地方，因此有必要分開來看。

資訊安全的 3 要素與 7 要素

真實性
Authenticity

問責性
Accountability

7 要素
（＋4 要素）

機密性
Confidentiality

用以提高策略
有效性的要素

為安全處理資訊
必須重視的要素

3 要素
CIA

完整性
Integrity

可用性
Availability

可靠性
Reliability

不可否認
Non-repudiation

● 資訊安全的3要素

資訊的「機密性（Confidentiality）」、「完整性（Integrity）」、「可用性（Availability）」這3個要素簡稱「CIA」。這3個要素是為確保資訊的正確性和可靠性，安全處理資訊必須重視的要素。

制定「資訊安全」策略時的思考重點是「應如何處理資訊才能確保CIA」，而制定「網路安全」策略時思考的是「應如何應對會威脅CIA的原因和手法」。

●機密性（Confidentiality）

確保只有擁有該資訊存取權限的人可以存取資訊。具體對策列出如下。

❖ 將資訊保存在資料中心等嚴格限制進出的場所
❖ 不把寫有ID或密碼的便條紙貼在電腦螢幕上
❖ 建立只有擁有正當權限的人可以存取資訊的機制 等

●完整性（Integrity）

確保資訊不會被破壞、竄改、刪除。具體對策列出如下。

❖ 在資訊被存取時留下紀錄
❖ 為資訊加上數位簽章
❖ 在資訊變更時留下紀錄 等

●可用性（Availability）

確保擁有資訊存取權限者，在需要時可不被中斷地存取該資訊或相關資產。具體對策列出如下。

❖ 將系統二重化（或多重化、冗餘化），避免業務停止
❖ 制定BCP（Business Continuity Plan：營運持續計畫），並訓練員工
❖ 不自己持有資訊系統，將系統轉移到雲端上運作 等

●資訊安全的7要素（CIA＋4個新要素）

隨著數位化的領域擴大，系統安全性的重要性日益提升，除原有的「CIA」3個要素外，後來又有人提議加上了4個新的要素，以提高策略有效性。

●真實性（Authenticity）

確保存取資訊的企業、組織、個人、乃至媒體都一定是「被允許存取者」。具體對策列出如下。

❖ 數位簽章
❖ 兩階段驗證
❖ 多重要素驗證 等

●可靠性（Reliability）

確保在使用資料或系統時，都能得到符合預期的結果。具體對策列出如下。

❖ 設計不會發生錯誤的系統
❖ 基於上述設計建構系統
❖ 建立即使發生操作錯誤等人為失誤，資料也不會消失的機制 等

●問責性（Accountability）

追蹤企業組織或個人的行動，找出為什麼會存在危害資料或系統的事物，或在攻擊發生時調查是誰的什麼行為造成此狀況。具體對策列出如下。

❖ 完整保留存取紀錄或系統紀錄
❖ 執行數位簽章
❖ 完整保留操作紀錄或登入紀錄 等

●不可否認（non-repudiation）

留下證據確保資訊事後不會遭到否認。可直接應用「問責性」的策略。

PPAP

「Ｐ PAP」，就是將檔案「壓縮成加密的壓縮檔」後附加在電子郵件上寄出，接著再用另一封信寄出解壓縮密碼的行為。這種做法在安全性方面不僅完全沒有效果，反而還會提高安全性風險，因此愈來愈多企業廢除此政策。PPAP是下面這4句日文的縮寫。

「Ｐ：寄送有Password的壓縮檔。Ｐ：寄送Password。Ａ：加密化（暗號化）。Ｐ：Protocol（協議：即作業順序的意思）。」

　　PPAP之所以被廢止，是因為下面3個原因。

❖ 會讓病毒躲過防毒掃描：加密過的檔案無法被防毒軟體掃描，即使檔案裡有病毒也沒法偵測到

❖ 完全沒有安全性效果：假如電子郵件真的被人竊聽（偷看），由於都是用同一個電子郵件帳號寄出，所以2封信都會被竊聽到。而且收信者打開郵件後，也無從得知郵件有沒有被轉送給第三者。況且壓縮檔的密碼沒有輸入次數限制，對方可以一直嘗試密碼組合直到猜對

❖ 增加收信者的工作量，或者讓收信者無法使用檔案：收信者從自己的PC下載檔案後，必須再輸入密碼才能開啟。而且若在手機或平板上使用的話，就沒辦法打開檔案

　　雲端儲存是可以代替PPAP的另一種方法。因為雲端可以限制分享範圍，只賦予欲共享檔案的人存取權限。

　　而另一種方法是「使用S/MIME的加密郵件」。這個方法運用了加密化和電子簽章這2項技術。透過此技術，即便郵件在通訊過程中遭到竊聽，也只有正當的收件人可以檢視（還原）內容。而且，就算有人假冒收件者，也可以從有無電子簽章判斷對方是不是本人。此外，郵件內容如果遭人竄改，系統也能檢測到電子簽章有問題，發送警告訊息。

　　如果因為是習慣或公司內的規定而遲遲不廢除PPAP，不只會對自己造成損害，還可能給其他公司添麻煩，請務必要有此自覺。

風險管理的概念

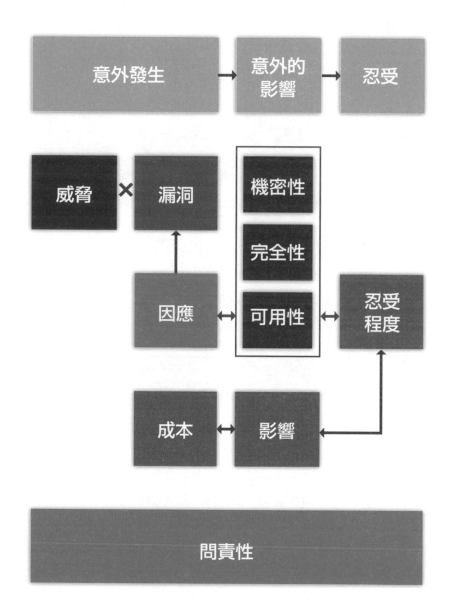

「**風**險」指的是業務活動遭受損害的可能性。比如當「客戶交給企業保管的客戶資訊或與企業活動相關的機密資訊外洩」、「系統因非法存取或惡意軟體（malware）而停止運作」等意外事件（對安全性構成威脅的事件）發生時，便會造成業務中斷、企業信用受損、失去客戶、營收減少、對抗競爭對手的競爭力降低等損害。

而網路安全策略中的風險管理，就是用來降低此類風險，維持事業活動健全的措施。

●意外的發生

意外事件的發生通常是某個「威脅」導致。「威脅」是引發「風險」的要因。而這種「威脅」分為2個大類。

❖ 人為威脅：由人類造成的威脅。又分為「故意性威脅」和「偶發性威脅」

「故意性威脅」是指來自惡意人士的攻擊（非法侵入、惡意軟體、竄改、竊聽等）、竊盜或破壞等。

「偶發性威脅」是指人為的疏失（遺失、操作失誤、對話被人偷聽致使資訊外洩等）或系統故障（儲存裝置損壞、網路機器故障等）。

❖ 環境威脅：地震、洪水、颱風、雷擊、火災等災害

「威脅」無法完全消除，也不能被控制。因為我們無法請求惡意人士或大自然「不要非法入侵我們」、「不要發生天災」。然而，我們還是必須徹底找出可能存在的威脅，分析它們對事業的影響。

另一方面，「漏洞」是指可能會被人為威脅利用，或是受到環境威脅影響的弱點。比如：

❖ 軟體缺陷（俗稱臭蟲或安全性漏洞）
❖ 系統管理的流程或方法上的缺陷
❖ 系統相關從業者的知識或技能不足，職業操守的欠缺或實踐不徹底

除了技術面因素外，人為面因素也不少。雖然我們無法完全消除這些「漏洞」，但跟「威脅」不一樣，「漏洞」可以靠自身的努力來減少。就好比我們無法讓世上沒有小偷（威脅），卻可以做到「為家裡的門窗裝鎖（漏洞），且外出時一定鎖好門窗（漏洞對策）」。

當「威脅」出現，且受威脅的部分剛好存在「漏洞」時，意外就會發生。因此，我們該做的不是去消除無法避免的「威脅」，而是可以應對的「漏洞」，這才是消除意外的基本做法。

●意外的影響與承受

雖然做好完善的「漏洞對策」就能消除意外，但策略愈完善，成本也愈高。那麼，我們到底該做到什麼程度才好呢？

首先，我們要挑出「什麼東西需要保護」。然後評估當欲保護之對象的「資訊安全三要素（機密性、完整性、可用性）」受到威脅時，會對營運的維持和事業價值造成多大程度的影響。接著再根據影響程度和重要性，判斷應付出多少成本來執行安全策略。切忌什麼都不思考，完全不管重要性高低，替所有存在安全性風險的東西都實施安全策略。

同時，還應該依照「忍受程度」來決定安全策略的成本。比如，對於「若電子郵件服務停止運作，使用者可以忍受多長時間不能使用電子郵件」，在「忍受程度」為「①只停1秒也很困擾／②10分鐘以內還能接受／③半天以內都能接受」等不同情況下，花在安全策略上的成本也不同。

在執行安全策略時，若不考慮上述的忍受程度來決定適當的策略成本，就無法提高安全策略的性價比。

此外，為確保安全策略正確執行，能經常檢驗策略有無有效運作或是否存在預料外的「威脅」或「漏洞」，持續改進策略，所有的行動都應該留下紀錄並落實問責性。

惡意軟體

「**惡**意軟體」顧名思義，指的是「為達成不良意圖而創造的軟體」。惡意軟體有很多種類，但要明確區分它們很困難，因為很多惡意軟體同時具有多種特徵。不過大致可以分成下面4種。

❖ 病毒：無法單獨存在，靠著竄改其他程式的一部分後植入自身，然後破壞宿主，再自我複製，感染到其他系統
❖ 蠕蟲：跟病毒一樣會自我複製感染其他系統，但不像病毒一樣需要其他程式，可以單獨運作。有些蠕蟲甚至連上網路就能感染
❖ 間諜軟體：在不被使用者察覺的情況下安裝到PC或手機裝置上，收集個資或存取紀錄，再上傳到外部
❖ 木馬軟體：偽裝成正常的圖片、文件檔案、手機app等，被使用者接收或安裝後入侵裝置內，然後再透過外部的操作來控制裝置

　　有時不會特別區分，全部統稱為「病毒」或「電腦病毒」。

　　這些惡意軟體的感染路徑大致分為以下5類。

❖ 電子郵件附件
❖ 網站的存取
❖ app的安裝
❖ 網路的連接
❖ 利用軟體的漏洞入侵 等

若放置不管，惡意軟體將可能造成財物損失、業務中斷、失去客戶信任等情況，對事業造成重大損害。因此，企業必須隨時做好「確保OS隨時處於最新版本」、「不點擊可疑連結」、「不打開可疑的郵件或附件」等措施。

防範非法存取的基本策略——存取控制

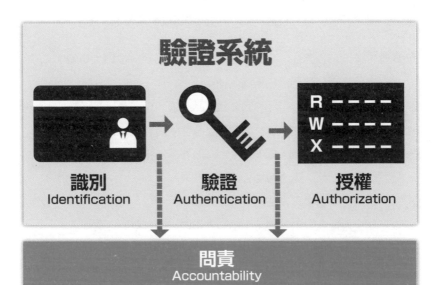

驗證系統

| 識別 | 驗證 | 授權 |
| Identification | Authentication | Authorization |

R - - - - -
W - - - - -
X - - - - -

問責
Accountability

識別 …… 為每名使用者分配自己的帳號(ID)。比如員工號碼或電子郵件等

驗證 …… 檢查使用者是否為本人。一般的做法是透過只有使用者知道的密碼或只有本人才擁有的指紋進行驗證

授權 …… 規範該使用者可存取的範圍。比如,限制人事部管理的檔案或資料夾只能被人事部的使用者存取等

問責 …… 讓存取留下紀錄,確保使用者有正確做到上述三個階段

電腦在現今的企業活動中扮演非常重要的角色,但對犯罪者而言,電腦上的資訊也因此具有巨大的經濟價值。因此,現代企業面臨愈來愈多來自犯罪者的非法存取。而應對此威脅的基本對策,就是「存取控制」。

所謂的存取控制,指的是「除擁有合法授權的人以外,不讓任何人使用資訊系統的功能」。此功能透過以下4個階段執行。

● 識別

提供稍後驗證時會使用到的識別碼,可檢查對象是不是正確的系統或服務使用者。識別碼一般稱為「ID」。比如有些公司使用員工號碼或電子郵件當ID。

● 驗證

檢查識別碼的有效性。比如使用與ID不可分割,只有持有該ID的人才知道的資訊(密碼等),或是該人具獨有的資訊(指紋等),來檢查對象是不是該ID的正確持有者。

● 授權

給予通過驗證的人權限。比如,若該ID的使用者是人事部門員工,那麼就給予該使用者存取人事資訊的權限;而若是其他部門的員工,就無法存取人事資訊。

● 問責

記錄存取行為,確保上述3個階段都有正確實施。留下存取紀錄,可以實現以下3點。

❖ 讓有心人士知道非法行為會留下紀錄,減少非法行為
❖ 當非法行為發生時,更容易找出原因
❖ 當非法行為發生時,正確使用系統的人不會被懷疑

近年,如「用Microsoft的帳號登入Google服務」這種可用單一ID無縫(不需要每次重新登入)使用多家服務的機制愈來愈普及。這種機制稱為「服務協同(service collaboration)」。

這項機制不僅提升了使用者的便利性,也讓使用者的ID可綁定所有行動紀錄,得以統一管理,實現橫跨所有服務的「問責性」。

驗證方法與多重要素驗證

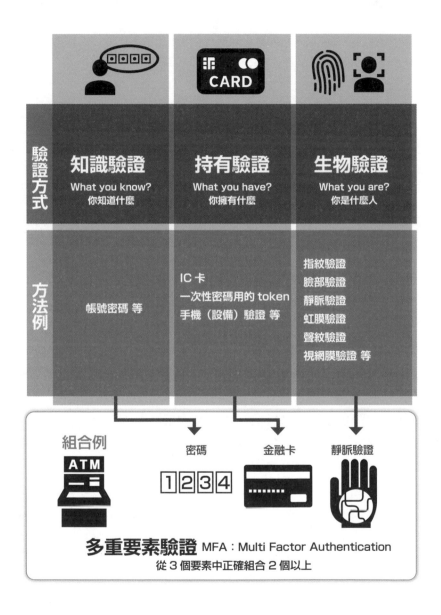

驗證方式	知識驗證 What you know? 你知道什麼	持有驗證 What you have? 你擁有什麼	生物驗證 What you are? 你是什麼人
方法例	帳號密碼 等	IC 卡 一次性密碼用的 token 手機（設備）驗證 等	指紋驗證 臉部驗證 靜脈驗證 虹膜驗證 聲紋驗證 視網膜驗證 等

組合例

ATM　　密碼　　金融卡　　靜脈驗證

1234

多重要素驗證 MFA：Multi Factor Authentication
從 3 個要素中正確組合 2 個以上

驗證包含以下3種方式。

❖ 知識驗證：你知道什麼（What you know?）。使用只有本人知道的
　知識進行驗證的方式。典型範例就是密碼

❖ 持有驗證：你擁有什麼（What you have?）。使用只有本人才擁有的
　物品進行驗證的方式。比如IC卡、USB金鑰、安裝在智慧型手機上的
　app等

❖ 生物驗證：你是誰（What you are?）。使用本人身體獨具的東西進
　行驗證的方式。比如指紋、臉、視網膜、靜脈等

「多重要素驗證」，指的是組合不同方式來驗證。比如，銀行的ATM必須插入內藏IC晶片的提款卡（持有驗證）後，再輸入密碼（知識驗證）才能使用。而在日本進行高額轉帳時，有時還會再檢查靜脈紋路（生物驗證），有著非常嚴格的驗證流程。

　　有些驗證方式單獨使用時的風險很高，但只要組合其他數種方式，就能提高驗證強度。研究已確認多重要素驗證可以防止絕大多數的非法存取。因此，使用複雜密碼或定期更換密碼這種麻煩又沒什麼效果的措施，現已比較沒有那麼多企業使用。

除「多重要素驗證」之外，還有一種「兩階段驗證」，也就是「分成2個階段進行驗證」的方法。雖然手續比較麻煩，但可有效提高驗證強度。比如在輸入密碼後，再接著要求使用者回答「祕密問題（寵物的名字等）」的方式，就屬於兩階段驗證（2個階段都用知識驗證）。

　　其他例子還有像在網頁登入會員時，先進行密碼驗證後，還得再輸入發送到使用者事先註冊的手機上的驗證碼才能完成驗證的方法。此時登入時用的密碼是知識驗證，而使用手機輸入的驗證碼則屬於持有驗證。由於使用了2個要素，所以既屬於多重要素驗證，也屬於兩階段驗證。

　　「多重要素驗證」和「兩階段驗證」容易搞混，還請分清楚兩者的區別。

無密碼驗證和 FIDO2

【FIDO 驗證期的註冊】

欲使用服務時，
通知系統想註冊裝置（PC 或手機）

Challenge
12We5fqE08
5x07QpWz9

發送 Challenge
（類似使用者專用接收序號的東西）

發送用私鑰簽署過
的 Challenge

Challenge
12We5fqE08
5x07QpWz9

Challenge
12We5fqE08
5x07QpWz9

私鑰　公鑰　　用私鑰進行　　　　　公鑰　　驗證簽章　註冊公鑰
　　　　　　　電子簽章

【使用服務】

欲使用服務時，
通知系統想要登入

Challenge
12We5fqE08
5x07QpWz9

發送 Challenge
（類似使用者專用接收序號的東西）

發送用私鑰簽署過
的 Challenge

Challenge
12We5fqE08
5x07QpWz9

Challenge
12We5fqE08
5x07QpWz9

登入

私鑰　　用私鑰進行　　　　　　　　　　　　公開驗證
　　　　電子簽章

密碼這種「知識驗證」的最大缺點，就是「必須要記下來」，當使用的服務愈來愈多時，很多人會選擇「使用簡單的文字組合／全部使用同一組密碼」來減輕背誦的負擔。然而這麼做，密碼很容易被第三者猜中，而且一旦被猜中，所有服務的帳號都會被對方盜用，讓損失更嚴重。

相較之下，「持有驗證」和「生物驗證」不需要背誦，也不需要輸入的手續，因此可以減少使用者的負擔，而不像密碼一樣會被「釣魚詐騙」給騙走。

然而，這些方式的驗證資訊，也同樣必須透過網路儲存在服務供應商的伺服器上，每當使用者使用服務時，都得從網路傳送驗證資訊，而這些資訊仍有可能在傳送過程中遭到竊取，不是百分之百安全。為了解決這個問題，近年出現了一種備受矚目，名為「FIDO2」的驗證方式。

FIDO2是由以建立安全的標準化驗證方式為宗旨的組織「FIDO（Fast Identity Online）聯盟」制定的規格。使用FIDO2，就可以用「無密碼」的方式進行驗證，且驗證資訊也不會在通訊線路和伺服器上被竊取。其驗證過程如左邊的圖。

使用FIDO2，可以享受到以下3個好處。

❖ 降低風險：無法透過盜取密碼來非法使用服務，且使用生物資訊來嚴格檢驗登入者是否為本人，可降低使用風險

❖ 降低負擔：免去「記憶密碼」、「使用複雜密碼」、「定期變更密碼」、「忘記密碼後設定新密碼」等麻煩程序，減少人為介入的時間，消除資料外洩造成的損害

❖ 提高便利性：消除「因為密碼都儲存在平常所用裝置的瀏覽器上，在其他PC或手機上要存取服務時想不起密碼」、「因為不同服務的密碼文字種類和字數規定不一樣，很容易忘記哪個服務用的是哪組密碼」、「定期更換不同密碼，但想不起來自己現在用的是哪組密碼」等困擾，提升便利性，也提高了業務的生產力

驗證同盟與單一登入

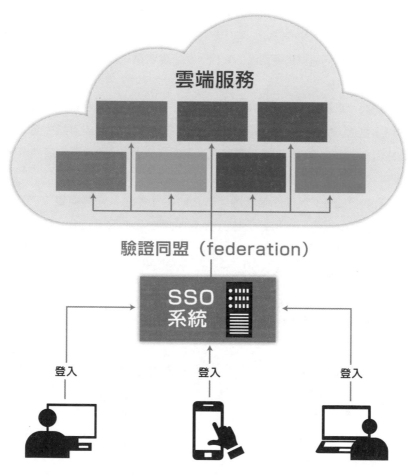

雲端服務

驗證同盟（federation）

SSO
系統

登入　　　　　　　登入　　　　　　　登入

☑ 可透過單一 ID 與驗證／授權手續，使用所有業務所需的系統／服務

☑ 可以收集和掌握所有使用服務的紀錄（log）

☑ 可統一管理所有依賴於雲端服務端的使用地點、設備以及驗證強度（使用
　 或不使用多重要素驗證等）

隨著雲端服務的充實與普及，只靠企業內部系統執行業務的時代已成為歷史。但對使用者而言，企業內部系統和雲端服務須使用不同ID密碼，而且驗證也是分開的，相當麻煩。

要解決此問題的方法有「驗證同盟（Federation）」和「單一登入（Single Sign On：SSO）」。

舉例來說，平常使用者在使用資訊系統時，每存取一套系統就必須輸入一組獨立的ID和密碼；但如果有了「驗證同盟」，使用者只需要驗證一組ID密碼，就能使用企業內外所有的相關系統。而利用「驗證同盟」技術實現這件事的機制，便是「單一登入」系統。

隨著雲端服務的充實和普及，標準化組織也在推動專為「驗證同盟」打造的標準規格，比如SAML和OpenID等規格就已被廣泛使用。

此外，對系統管理者而言，重要系統的存取權限必須嚴格管理，但使用雲端服務卻衍生出了「無法得知使用企業外部雲端服務的人是不是自家員工」、「無法判斷使用者是否有權限」等問題。為解決此問題，專為運通「授權」的標準規格OAuth2也廣泛被人們採用。

使用這類標準規格，即可實現跨企業內部系統和雲端服務的驗證和授權。

那麼，這裡重新整理一下上述機制的好處。

❖ 可透過單一ID與驗證／授權手續，使用所有業務所需的系統／服務
❖ 可以收集和掌握所有使用服務的紀錄（log）
❖ 可統一管理所有依賴於雲端服務端的使用地點、設備以及驗證強度
　　（使用或不使用多重要素驗證等）

結合SSO和無密碼登入／FIDO2，可在提高驗證強度同時，享受到更好的便利性。

網路衛生

IPA（日本情報處理推進機構）推薦的日常資訊安全策略

對組織系統管理者

- 制定嚴格的資訊外攜規範
- 制定嚴格的內部網路機器連接規範
- 執行軟體更新
- 使用安全性軟體並確保定義檔是最新狀態
- 定期備份系統
- 適當地設定和管理密碼
- 停用或刪除不用的服務或帳號

對組織內的使用者

- 執行軟體更新
- 使用安全性軟體並確保定義檔是最新狀態
- 適當地設定和管理密碼
- 留意可疑的電子郵件
- 留意 USB 記憶體等裝置的使用
- 遵守內部網路的機器連接規範
- 安裝軟體時小心留意
- 設定電腦的螢幕鎖定功能

對家庭使用者

- 執行軟體更新
- 使用安全性軟體並確保定義檔是最新狀態
- 定期備份系統
- 適當地設定和管理密碼
- 留意電子郵件、簡訊（SMS）、社群網路上的可疑檔案和連結
- 留意偽造的安全性警告
- 匯入智慧裝置的 App 或設定檔時小心留意
- 設定智慧型手機等裝置的螢幕鎖定功能

參考 IPA「日常的資訊安全對策」製作

活用 MDM、EDR、UEM 等工具確保萬全

+

網路衛生

確保端點的衛生狀態健全

網路攻擊（威脅）大多鎖定的是OS、應用程式等PC或手機上軟體的漏洞。要防範此類攻擊，即時且持續地更新軟體版本（patch）以消除軟體中的漏洞，是非常有效的做法。

這樣的對策就類似於新冠疫情期間勤洗手、消毒、戴口罩來「確保衛生狀態」，所以又稱為「網路衛生（Cyber Hygiene）」。

尤其現今俗稱零日攻擊，即「在漏洞被廣泛認識前，或已被認識但尚未填補漏洞的短暫空窗期內發動的攻擊」有逐漸增加的跡象，放著軟體漏洞不管的風險也日益攀升。因此，必須確保PC、手機、IoT機器等有人使用的連網設備（端點設備）上的軟體隨時處於最新版本。

要落實網路衛生，就必須時常掌握端點的狀態。而MDM（Mobile Device Management）和EDR（Endpoint Detection and Response）都是可以幫助我們落實網路衛生的工具。使用這類工具，可以遠端刪除或鎖定外洩的資料，或是掌握各裝置的OS版本與應用程式的狀態，輕鬆檢測到使用有人正使用過時的OS或非法應用程式。此外，若使用MAM（Mobile Application Management）的話，還可以由管理者限制手機上運行的應用程式，避免使用者開啟非法應用程式導致資訊外洩。最近更出現了整合以上所有功能的UEM（Unified Endpoint Management：統一端點管理）產品。

然而，在依賴上述工具前，使用者必須先自己養成確保OS和應用程式維持在最新版本的觀念。雖然有點麻煩，也可能發生軟體更新後變得不能正常運作的情況，但消除安全性上的風險遠比前者更重要。因為最新版的軟體會改善舊有的安全性相關知識與策略。在利用工具確保萬全的同時，徹底做好這個基本功也一樣重要。

「邊界防禦」式安全策略的潰堤與零信任網路

區分內部和外部也沒有意義
零信任網路 (Zero Trust Network)

被防火牆保護的 LAN ／ VPN

以不能信任／會被入侵為前提

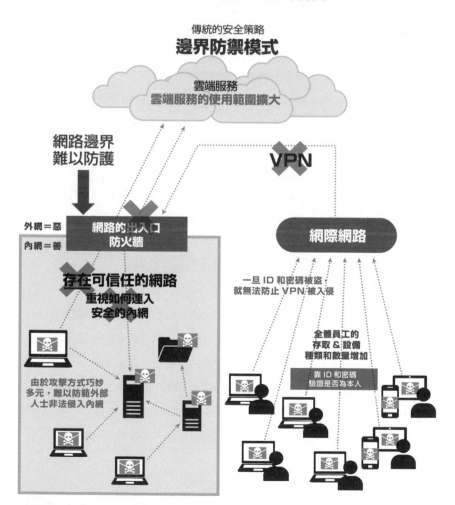

傳統的安全策略
邊界防禦模式

雲端服務
雲端服務的使用範圍擴大

網路邊界難以防護

VPN

外網＝惡
內網＝善

網路的出入口防火牆

網際網路

存在可信任的網路
重視如何連入安全的內網

一旦 ID 和密碼被盜，就無法防止 VPN 被入侵

由於攻擊方式巧妙多元，難以防範外部人士非法侵入內網

全體員工的存取 & 設備種類和數量增加

靠 ID 和密碼驗證是否為本人

受到新冠疫情的影響，遠距辦公和雲端服務的使用人數急速上升，從企業外部連入內部網路，或從內部網路存取外部網路的機會也隨之增加。

過去，企業一般採用「邊界防禦」式的安全策略，也就是將網路分成「不可信任的外部網路」和「可信任的內部網路」，然後嚴格保護內外網路的邊界。具體的做法是使用將網際網路通訊路徑加密的VPN（Virtual Private Network）技術，只讓正當的使用者存取企業的內部網路。除此之外，也會使用可監視通訊的發訊源和收訊者，一旦發現可疑通訊就自動「阻擋」的防火牆；可「偵測」非法入侵行為，然後通知管理者的IDS（Intrusion Detection System）；以及在偵測到非法入侵後進行「防禦」的IPS（Intrusion Prevention System）等技術。

然而，這些對策只適用於欲保護的資料或系統位於企業內部網路的情況。如今遠距辦公和雲端日益普及，要保護的資料放在外部網路的情況相當常見。要保護的對象逐漸沒有內部與外部的區別，「邊界」變得愈來愈模糊，光靠「邊界防禦」已無法充分保護資訊安全。

同時，隨著網路攻擊的手法日益先進、巧妙，攻擊者成功穿過邊界防禦措施入侵內部網路，或成功把惡意軟體植入內部系統的案例也逐漸增加，使得內部網路不再是「可信任」的區域。

換言之，過去由VPN和防火牆等保護的「可信任網路（Trusted Network）」已經不復存在，轉變成了「零信任網路（Zero Trust Network）」。

然而，不能信任的不只是網路，假如ID和密碼遭到「盜用」，連使用者也無法信任。檔案或程式被植入惡意軟體的風險也日益增加，變得難以信任。在這種「無法信任」＝「零信任」的環境下，我們必須找出一個「經常保持可信任狀態」的策略。

動態政策

主體可信任嗎？

主體

請求、接收、使用程式等
資料的人／使用者

於每次登入時，皆檢查**主體**狀態，驗證是否被
冒充，登入裝置是否符合規範

政策可信任嗎？

政策

依照信任等級動態設定合
適的政策，並依主體的屬
性提供

每次驗證資料交換或存取合法性

交易

參考監視器

紀錄檔

交易可信任嗎？

對象可信任嗎？

對象

提供檔案、資料、應用程式等
數據、功能或資源的一方

檢查**對象**的狀態是否適當，若不適當的話立刻
使其恢復適當狀態

「經常保持可信任狀態」的對策包含下列幾項。

❖ 監視所有的端點、使用者、通訊、網路、檔案、應用程式等資源

❖ 每次進行通訊時，都檢查是否為可疑通訊並給予可信度評分，對於評分
 低（可疑）的通訊，就不授權其使用資源

❖ 在每次存取時給予評分，並動態（dynamic）變更可信度評分

上述這類機制稱為「動態政策」。「政策」指的是「可以從哪裡存取、存取什麼」的規則和標準。而動態政策就是每次在使用者進行通訊時給予可信度評分，動態改變政策來控制存取，保護系統安全的做法。

比如，就算ID和密碼吻合，使用者也可能被「冒充」，無法百分百確定是本人。另外，若遇到「從跟平時不一樣的設備或地區存取」、「1小時前才從東京存取，現在卻從其他國家存取」等情況時，這些存取行為也都很可疑。

因此，我們可以在使用者每次存取時檢查安全性，一旦懷疑有「可疑之處」，就降低可信度評分，強制加入額外的驗證要素（多重要素驗證），或是要求更改密碼，增加安全策略的強度。

像這樣在使用者每次請求存取系統時，依照可信度評分動態地允許／拒絕存取動作，可以實現以下幾點。

❖ 即使出現新的攻擊手法，也能降低被攻破的風險

❖ 即使發生某種意外，由於我們是以資源為單位動態地允許／拒絕存取行
 為，因此影響不會波及全公司，可確保業務維持不中斷（反之若使用防
 火牆的話，則所有跟內部網路連接的資源可信度都會連帶降低，影響會
 波及全公司）

❖ 因為不使用防火牆，所以不論從內網還是外網，都能從任意裝置使用公
 司的內部系統或雲端服務，應對多元的辦公型態

以自動化方式執行上述的所有措施，就能在使用者無須刻意分神的情況下，以無負擔的方式落實安全策略。

零信任安全策略

保護內外網路的邊界

邊界防禦安全策略

以威脅全部來自外部為前提，
用防火牆抵禦
來自外部網路的攻擊

▼

不論內外網路皆可隨時確保可信任性

零信任安全策略

持續消除漏洞，保持最新狀態

網路衛生

迅速套用最新版本的修補程式，
讓 OS 和應用程式保持最新狀態

✕

依照可信度動態控制存取

動態政策

對每個存取行為給予可信度評分，
並依評分動態變更安全政策，
維持網路隨時處於可信任的狀態

「網路邊界被嚴格把守的內部網路是可信任的。」

因此「使用VPN連入內部網路即可確保網路安全」——這個觀念已經過時了。不僅如此，隨著遠距辦公的普及和雲端服務的使用者增加，「要保護的對象只存在於內部網路」這個前提也不復存在。

為應對此環境，近年「零信仟安全策略」作為一種「可不分內外，使網路隨時維持可信任狀態」的策略開始受到關注。

所謂的「零信任」，是跟「網路邊界內就是安全的，邊界外的網路是危險的」的傳統認知相對，主張「無論邊界內外都不應該無條件信任，應該要對所有對象都進行驗證和授權」的概念，而不是任何具體的實現方式。比如以下的組合都是零信任的具體實現方法。

❖ 網路衛生：迅速且持續落實端點的版本更新和升級，保持最新狀態，消除漏洞

❖ 動態政策：對每個存取行為進行可信度評分，再依照評分動態套用不同政策

運用此類不依賴VPN或防火牆等網路機制的策略，即可確保使用者不論在內外網路都能安全地工作。

同時，過去使用者在使用雲端時，必須先連上公司的VPN，再經由防火牆連到外網。因此連線速度會受連線路徑的網路帶寬和防火牆的處理性能限制。比如，相信不少人都曾遇過「剛上班的時段大家都在同時連VPN，導致登入速度很慢」或「開線上會議時必須關閉傳輸量大的視訊，避免影響到音訊」等不便的情況。

即便高速又大容量的5G（第五代移動通訊）在不遠的將來普及，若公司內的VPN和防火牆還是照舊，那員工還是享受不到5G的好處。此外，等萬物連網的時代到來，要保護的對象不分內外大幅增加後，傳統的做法將難以繼續維持資訊安全。

而零信任安全策略則可消除以上限制，推動社會與IT的融合。

Column

勒索軟體

「**勒**」索軟體（Ransomware）」是「Ransom（贖金）」和「Software（軟體）」2個字組合而成的新詞彙，指的是會癱瘓被感染電腦上的特定功能，或加密鎖定特定檔案，讓企業陷入無法營運的狀態，要求企業支付「贖金」後才能恢復正常的惡意軟體（非法程式）。

勒索軟體對社會造成很嚴重的傷害，比如在2020年5月，美國一間大型輸油管公司遭到攻擊，系統檔案被加密鎖定，無法正常營運，攻擊者還威脅要公開竊取到的內部資訊。因為輸油管是重要的社會基礎建設，必須盡快恢復運作，該公司不得不支付了近500萬美元的贖金。

還有在2020年11月，日本一間大型遊戲公司也被攻擊，攻擊者突破了該公司的VPN漏洞，非法侵入內部網路，然後在內部散播勒索軟體，不僅對該公司的業務造成重大影響，還偷走了大量客戶個資。

除此之外，也曾發生過汽車公司被攻擊，工廠被迫停止運轉；以及醫院遭受攻擊，無法進行手術或診療等事態。在德國的醫院甚至有病患因此死亡的案例。在日本情報處理推進機構（IPA）宣布的「資訊安全10大威脅 2022」報告中，「勒索軟體」就排名第一，足見其威脅之大。

勒索軟體被視為重大威脅，主要出於以下幾個原因。

❖ 隨著企業的數位化範圍擴大，業務被迫停止的風險增加。特別是金融機構或醫療機構等社會基礎設施若遭受攻擊，就會造成大範圍且嚴重的影響

❖ 攻擊者的身分不明，即使支付贖金也無法保證一定能恢復原狀

❖ 支付的贖金很可能會成為犯罪組織的活動資金

而「勒索軟體」主要經由以下2種途徑感染。

❖ 網站：攻擊者竄改網站，將連上該網站的使用者引導至惡意網站，然後利用使用者電腦上的漏洞進行感染。或是引誘使用者點擊網站上的廣告連結來感染

❖ 電子郵件：寄送垃圾郵件或假冒郵件，引誘使用者點擊郵件中的連結連上惡意網站，或是透過下載附件來感染

「**勒**索軟體」會癱瘓被感染的電腦的特定功能，或是用加密方式鎖定特定檔案，然後再顯示「想復原檔案的話就在3天內支付○○元」的威脅文字，要求受害者支付贖金。

攻擊者大多會要求受害者使用比特幣等具匿名性的加密貨幣來支付贖金，因此要追蹤到犯人非常困難。

而防範勒索軟體攻擊的基本方法，就是消除軟體漏洞。而消除漏洞的最好方法，就是持續套用修正更新和升級軟體版本，使軟體維持在最新狀態。換言之，就是徹底落實先前介紹的「網路衛生」。另外，還可以透過「動態政策」阻擋使用者存取惡意網站，或防止非法程式經由電子郵件侵入系統。換言之，「零信任安全策略」是很有效的對策。

還有，嚴格做好檔案備份，若是真的不幸遭到感染時也能立即復原，將損害控制到最低也非常重要。

在推動數位轉型，所有的組織業務都「IT服務化」後，勒索軟體和其他安全風險都將直接成為經營風險。而攻擊者們也十分清楚這點，積極地發動攻擊。他們的攻擊都很有組織，而且難以鎖定犯人，今後恐怕也會繼續猖獗下去。所以我們更必須正視現實，設法防範。

對抗網路攻擊的
核心組織：CSIRT

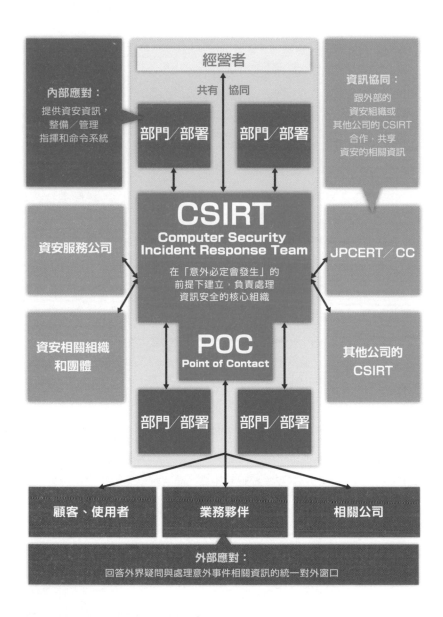

經營者

內部應對：
提供資安資訊，
整備／管理
指揮和命令系統

共有　協同

資訊協同：
跟外部的
資安組織或
其他公司的 CSIRT
合作，共享
資安的相關資訊

部門／部署　部門／部署

資安服務公司

CSIRT
Computer Security
Incident Response Team

在「意外必定會發生」的
前提下建立，負責處理
資訊安全的核心組織

JPCERT／CC

資安相關組織
和團體

POC
Point of Contact

其他公司的
CSIRT

部門／部署　部門／部署

顧客、使用者　業務夥伴　相關公司

外部應對：
回答外界疑問與處理意外事件相關資訊的統一對外窗口

網路攻擊正變得日益巧妙。因此，再牢固的防禦也無法完全防止資安事件（Security Incident）發生。所以預先假設「意外必定會發生」並提前做好準備十分重要。而負責處理資安事件的核心組織或團隊，就稱為CSIRT（Computer Security Incident Response Team：電腦資安事件應變小組）。

CSIRT的任務是偵測對自家公司的網路攻擊，在資安事件發生時立即應對。把它們比喻成資安事件的「消防隊」或許更好理解。而CSIRT的具體職責主要有以下3點。

❖ 內部應對：提供資安資訊，整備／管理指揮和命令系統

❖ 對外應對：回答外界疑問與處理意外事件相關資訊的統一對外窗口（POC：Point of Contact）

❖ 資訊協同：跟外部的資安組織或其他公司的CSIRT合作，共享資安的相關資訊

要應對資安事件，就必須建立與管理負責實施安全策略的系統、教育組織成員資安相關的知識、並做好制度面的整備。但任何策略都不是完美的。因此，企業必須有一套能在資安事件發生時立即偵測並處理的體制，而這個體制就是CSIRT。

儘管有些公司的CSIRT是常態性部門，但要維持CSIRT的成員和技能並不容易。所以也有些公司只在需要時才召集成員組成CSIRT。把前者比喻成「消防署」，後者比喻成「消防隊」的話或許更好理解。

另外，單靠公司內部的成員，很難對抗日益先進、巧妙的網路攻擊。因此，還必須跟專門從事資安工作的企業，或是可共享資安訊息與提供支援的外部組織合作。

資安威脅正變得一天比一天先進、巧妙。要應對這樣的環境，企業可以成立CSIRT，並讓CSIRT正確發揮功能，在資安事件發生時將損害控制在最低，努力防止相同的意外再次發生。

第 7 章

用資料串起
萬事萬物的
IoT 和 5G

我們生活的現實世界中的「事物」和「事件」，全都可以被安裝在機器設備上的感測器捕捉，轉成數位資料上傳到網路。換個角度來看，這就像是為現實世界的類比資訊建立數位複製體，然後透過網路傳送到另一頭的雲端上。

在各種裝置上搭載電腦，讓它們透過感測器偵測自身或周圍環境，然後把收集到的數據上傳到網路，或是可以自行分析這些數據後自主採取行動——這樣的IoT（Internet of Things：物聯網）正逐漸滲透我們的世界。

現今如智慧型手機、家電產品、汽車、設備、建築物、公共設施等內藏感測器且可以連網的事物，據說總數已有數百億之多，此龐大的數量遠遠超越世界總人口的80億。

設備的數量這麼多，產生出來的資料量當然也很龐大。這些數量龐大的數據俗稱大數據。分析大數據找出數據內部的關聯、規則，或是使用複製現實世界的數位雙生，在虛擬環境中快速、反覆地進行在現實世界中時間和金錢成本高昂且伴隨危險的測試，可以創造很多有用的資訊，讓我們的社會和生活更加舒適安全。這些資訊可以提供很多價值，像是用來驅動汽車和飛機、控制工業機器、提供人們維持身體健康的建議。

而現實世界因為這些資訊發生改變後，感測器又會再次收集改變後的資料，將數據上傳到網路，重新分析這些數據，提供更多價值。這個循環就叫網宇實體系統（Cyber Physical System，CPS）。

「用數位資料理解現實世界，再最佳化現實世界的系統。」

或者也可以換個說法：使現實世界和數位世界合而為一，快速迭代改良的系統。

連網設備的數量愈多，數位雙生也會愈來愈精細，用更高的時空間解析度理解現實世界，繼而提高最佳化的精度。然後就能使用新產生的資料進行更細緻的最佳化。

地球環境正面臨大氣中二氧化碳濃度上升、資源枯竭等前所未有的危

機。而IoT被認為是能解決此困境的手段之一。因為IoT能幫助人類精細地改善各種產業活動的資源消耗，完全消除浪費，精密偵測事物及其周圍環境的狀態，讓我們能進行更正確的判斷，提高社會整體的效率。

筆者認為，IoT可以創造以下3種價值。

● 連接各種設備，使它們協調、協同為一個整體來運作

比如讓後方車輛完美配合前方車輛的速度行駛，連結所有紅綠燈配合車流量變化燈號、緩解塞車，實現流暢且節能的運輸系統。

● 連接雲端，讓設備更聰明

比如讓微波爐從網路下載熱門食譜，設定微波時間和火力；告訴汽車自己想吃什麼料理，汽車就會幫你推薦餐廳，然後自行選出不會塞車的路線前往。小體積設備的智能和可處理的資料量都很有限，但連上網路後就能存取雲端，擁有幾乎無限的資料儲存空間與處理能力強大的頭腦。透過連網，設備就能得到單一設備無法搭載的強大大腦。

● 讓設備常時連網，傳達「當下」的事實

若能即時得知噴射引擎的運轉狀況，就能立即發現故障或問題，替駕駛提供正確指示。接著預先在降落機場準備好替換的零件和引擎，就能在降落後立刻維修，不會延誤下一班飛機的起飛時間。此外，作為商品販售的噴射引擎，也可以透過按使用時間或輸出動力收費的依量計費服務來提高獲利。

還有在災難發生時，也可以利用GPS的地理資訊分析周圍狀況和道路塞車情況，讓汽車幫助駕駛人找出最佳的避難路線。由此可見，只要讓設備連上網路，就能幫助設備或設備使用者當下採取最合適的行動。

本章我們將為各位介紹IoT的相關知識。

IoT 的 2 種解釋

Cyber Physical System：緊密結合現實世界和網路世界的系統

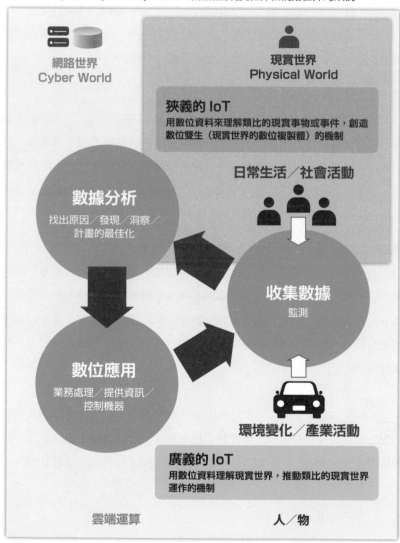

網路世界
Cyber World

現實世界
Physical World

狹義的 IoT
用數位資料來理解類比的現實事物或事件，創造
數位雙生（現實世界的數位複製體）的機制

日常生活／社會活動

數據分析
找出原因／發現／洞察／
計畫的最佳化

收集數據
監測

數位應用
業務處理／提供資訊／
控制機器

環境變化／產業活動

廣義的 IoT
用數位資料理解現實世界，推動類比的現實世界
運作的機制

雲端運算

人／物

IoT存在以下兩種解釋。

❖ 狹義的IoT：用數位資料來理解類比的現實事物或事件，創造數位雙生
（現實世界的數位複製體）的機制

❖ 廣義的IoT：用數位資料理解現實世界，推動類比的現實世界運作的機制

「**狹**義的IoT」，指的是在設備上搭載感測器，偵測「事物」本身或周邊的狀況，再轉換成數位資料上傳到網路的機器或資訊系統，或是由此類系統組合成的一系列機制。

從商業角度來看，這其實是一種「系統架構事業」。這門事業就跟一般的系統架構業一樣，如果用承包委託的方式經營，雖然可以回收成本，但很容易陷入價格競爭，很難賺到太多利潤。另外，要經營這類業務也必須對第一線有足夠的知識。以工廠為例，就必須精通如何操作和使用工廠的設備與機材，並熟悉各種感測器的種類與收集數據的方法等知識。

另一方面，「廣義IoT」指的是分析「狹義IoT」產生的數據，然後找出原因、發現、洞察、最佳化計畫等，賦予數據新的價值，提供更有吸引力之服務的體系。

簡單來說就是「服務提供商」。因為是自己提供服務，所以需要找出客戶面對的問題和需求、規劃商業模式、設計營銷與提供服務的方式、建立可即時回應顧客需求變化的開發與管理體制，是一門高風險高回報的生意，必須做好心理準備。

這兩者沒有優劣之分，純粹是讓你知道商業界對IoT存在這2種不同的解釋。不過，如果你是組織內負責規劃、檢討「IoT商務」的人，那就不應該混淆這兩者的差異。因為在商業上，這兩者的性質大相逕庭，所需的知識和技能完全不同，投資方式也不一樣。在規劃時應該先理解這點。

IoT 創造價值的 2 種迴圈

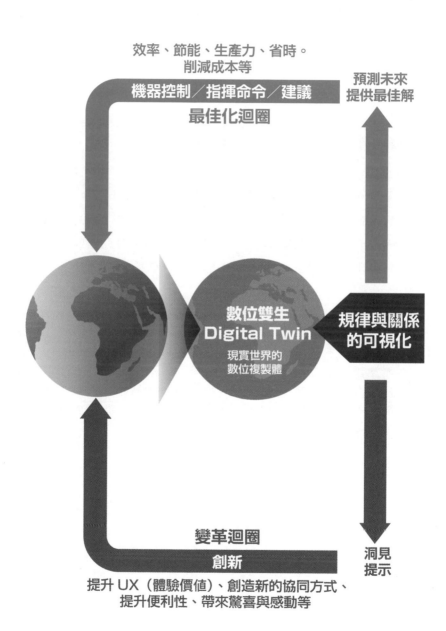

效率、節能、生產力、省時。
削減成本等

機器控制／指揮命令／建議

最佳化迴圈

預測未來
提供最佳解

數位雙生
Digital Twin

現實世界的
數位複製體

規律與關係
的可視化

洞見
提示

變革迴圈

創新

提升 UX（體驗價值）、創造新的協同方式、
提升便利性、帶來驚喜與感動等

有一說認為，「廣義的IoT」有2種不同的價值創造方式。

第一種是「最佳化迴圈」。首先用設置在現實世界事物內的感測器創造數位雙生，然後分析它，找出其中的規則與關係，藉此預測未來。或是將現實世界無法做到的事情放上電腦，以模擬（simulation）的方式進行實驗，找出最佳解答。

運用此迴圈來控制機器或對現場下達指令、建議，可以達到提升效率、節能、提高生產力、縮短產品交付期、削減成本等效果，最佳化現實世界的運作。然後再用感測器偵測現實世界的變化，重複這個迴圈，即可讓現實世界維持最佳的狀態。

而另一種是「變革迴圈」。這個迴圈直到分析數位雙生的步驟都跟「最佳化迴圈」相同，但在分析後會從中獲得洞見（insight）或提示，取得創新的契機。透過此迴圈，可以提升UX（體驗價值）、組合各種服務創造新的協同方式、提升便利性、創造驚喜與感動。

在技術面上，這兩者都用到了感測技術和收集與上傳數據的系統；提供儲存和計算處理數據之資源的雲端；分析資料來預測或找出最佳解與關係，將其中的規律「可視化」的機器學習（AI技術的一種）。

此外，「最佳化迴圈」中還運用了能夠將快速、穩定地取得的預測或最佳解傳送到現場，並即時掌握現場狀況的5G（第五代移動通訊系統）；以及使裝置本身擁有高度自主能力的AI晶片等。

另一方面，「變革迴圈」為了從洞見或提示中創造新的商業模式，或是改革原有的商務流程，必須快速取得第一線的回饋並不斷嘗試。因此敏捷開發和DevOps很有幫助。

這2種迴圈是互補關係，基本的運用方法是一邊重複「最佳化迴圈」，一邊利用從中獲得的洞見和提示推動「變革迴圈」來使業務成長。

至於上文提到的各種科技，我們稍後再逐一詳細解說。

IoT 改變社會的 2 個典範轉移

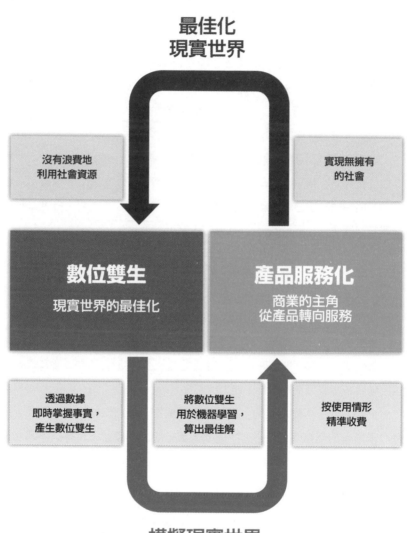

最佳化
現實世界

沒有浪費地
利用社會資源

實現無擁有
的社會

數位雙生
現實世界的最佳化

產品服務化
商業的主角
從產品轉向服務

透過數據
即時掌握事實,
產生數位雙生

將數位雙生
用於機器學習,
算出最佳解

按使用情形
精準收費

模擬現實世界

●社會基礎的轉移：數位雙生

　　IoT帶來的第一個常識轉換（典範轉移），是融合現實世界和數位世界，實現新的社會基礎。

　　IoT用安裝在各種設備內感測器收集現實世界的「事物」與「事件」的數位資料，再利用這些數據產生數位雙生。使用數位雙生進行機器學習或模擬，可以更深入理解現實社會，產生各種不同的洞察和最佳解。這個循環便是網宇實體系統（CPS），可讓現實世界隨時保持在最佳狀態。

●「產品」價值的轉移：產品服務化

　　另一個典範轉移，是使「產品」的價值本質從硬體轉移到服務。

　　過去，產品的性能、功能、品質、操作性是由硬體的「完成度」和「作工」等物理狀態決定的。然而，現在許多產品都內藏電腦晶片，利用軟體來發揮作用。雖然硬體價值並非完全消失，但如今已是光靠硬體無法實現產品價值的時代。

　　而IoT進一步將「硬體＋軟體」的產品連上網路，跟數位世界結合，創造出新的價值。

　　舉例來說，利用雲端分析機器內藏的感測器資料，就可以準確判斷產品什麼時候需要進行保養維護，在故障發生前檢修。如此一來既能提高客戶滿意度，也能最佳化保養、檢修的頻率，以及重要機材、零件、工程師人力的利用效率，降低服務成本。同時，IoT可以準確測量產品的運作狀態，實現不用賣斷「產品」，而是依照使用量收費的商業模式。

　　以汽車為例，IoT可以透過網路更新車載軟體來提高汽車的功能、性能以及操縱性。此外，IoT也能透過感測數據掌握駕駛人的駕駛習慣良劣，實現價格客製化的保險商品。

　　由此可見，如今產品的價值不再只取決於硬體本身，而是由「硬體＋軟體＋服務」的組合所決定。

數位雙生：現實世界的最佳化

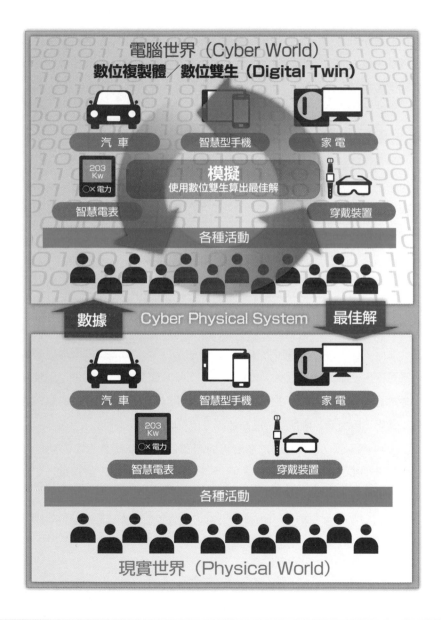

電腦世界（Cyber World）
數位複製體／數位雙生（Digital Twin）

汽車　　智慧型手機　　家電

203 Kw
○×電力
智慧電表　　穿戴裝置

模擬
使用數位雙生算出最佳解

各種活動

數據　　Cyber Physical System　　最佳解

汽車　　智慧型手機　　家電

203 Kw
○×電力
智慧電表　　穿戴裝置

各種活動

現實世界（Physical World）

使用忠實複製現實世界事件的數位複製體，即「數位雙生」，來進行「現實世界不能做的模擬實驗（simulation）」，可以找出讓我們的社會活動與生活更舒適安全的方法。

●提高工廠的生產力和靈活性

在工廠的生產裝置和設備中安裝感測器，然後用感測器即時掌握設備的運作狀態和生產進度，就能找出更有效率的作業方式。使用這套系統自動控制第一線的生產設備，可以大幅縮短產品交付期和作業時間，削減生產成本。只要透過模擬找出投入新產品產線和變更程序的最佳時機，就能避免材料的浪費，提高作業效率。

●緩解道路阻塞

使用塞車路段的數位雙生，改變「切換紅綠燈號的時長」和「高速公路的匝道管制」等條件，就能找出緩解塞車的最好方法。然後再將分析出的資訊回饋到現實世界，控制燈號或對高速公路上的工作者下達指示，即可消除塞車。

●抗災能力強的都市計畫

使用複製了都市構造與活動的數位雙生模擬大規模災難，改變各種條件，測試在「道路或橋梁崩塌」、「火災阻斷逃生路線」等不同情況下，該如何引導民眾才能拯救最多人命。現實中不可能實際測試這些情況。實驗（模擬）的結果，可以應用到災難時的避難疏散計畫或都市計畫中。

●輔助健康和人身安全

用智慧型手機或穿戴裝置監測身體的各種狀態，可幫助使用者找出健康上的隱憂，並提供適當的建議。同時在感知到使用者摔倒或病情發作時，身體出現異常時，還可以自動把相關資訊通報給救難人員或醫院，立即採取必要措施。

數位雙生：
連接不同服務創造新價值

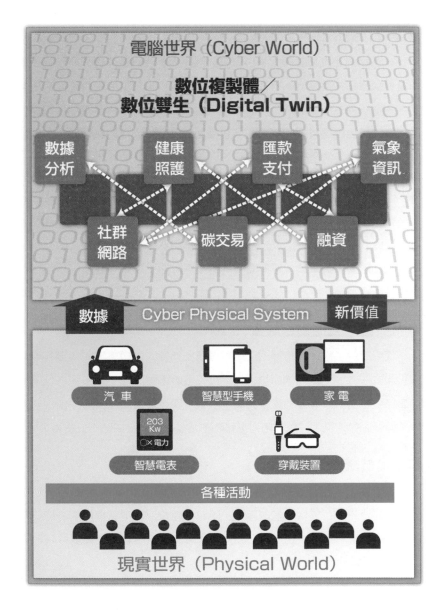

「**數**位雙生」是「現實世界的數位複製體」，但不完全等同現實世界。比如，數位雙生幾乎不受地理距離或資訊／資料的傳遞時間限制。活用此特性，就能瞬間串起各式各樣的商務，創造單一商務無法產生的價值。

比如以「溫室氣體排放權交易」為例。減少二氧化碳等溫室氣體的排放，是對抗全球暖化的重要策略與挑戰。因此有人想出了規定每間企業的排放上限，讓排放量超過上限的企業去購買排放量較少企業的剩餘可排放量，達到抑制排放效果的制度。

要讓這套制度順利運作，就必須用感測器監視二氧化碳等溫室氣體的排放量，使其可以交易。然後以1公噸的二氧化碳為單位，將碳排量量化成可交易的形式（碳權），再用資訊系統的「帳戶」來交易。

在數位世界，交易可以跨越國境瞬間完成，此外，若再結合交易伴隨的支付與融資等金融服務、氣象資訊、數據分析和健康照護等附帶的服務，說不定還能創造出一個全新的產業。

由此可見，數位雙生的世界沒有時空間阻隔，可以連接各種不同服務，創造出單一服務無法產生的商業價值。

就如同我們在第2章說過的，「創新」是一種「新的結合」，是透過嘗試各種要素的新組合來創造新價值的行為。而數位雙生上的服務可以輕易嘗試各種不同組合，對新價值的創造有巨大貢獻。

可以說數位雙生已為我們打好了「**融合現實世界和數位世界，創造全新價值**」的商業地基。。

產品服務化：轉移產品的價值

硬體	軟體
只能用 物理性／物質性實體 實現的部分	可用程式 控制或實現的 功能／性能

☑ 鏡頭
☑ 快門、機身
☑ 感光元件 等

☑ 快門速度
☑ 發色、感光度
☑ 焦距 等

☑ 輪胎
☑ 引擎
☑ 車身 等

☑ 煞車時機
☑ 引擎控制
☑ 機器的開關 等

☑ 機體、機翼
☑ 噴射引擎
☑ 燃料箱 等

☑ 姿勢和方向的控制
☑ 引擎的控制
☑ 機內環境的控制 等

盡可能 簡單	盡可能 多功能
●降低製造成本 ●減少故障原因 ●降低維護難度	●降低開發成本 ●容易提高功能 ●降低維護難度

模組化
透過機能標準化／零件化來降低
生產成本，提高可維護性

IoT 化
加入可連網的通訊功能，使產
品服務化

☑ 簡化機構、減少零件數量，降低成本
☑ 減少故障，減輕保養／後勤體制與成本面的負擔
☑ 可在購買後改善功能，從遠端排除故障

最近新款數位相機的曝光、對焦、光圈、快門速度、色調調整等功能，全都是由相機內安裝的軟體來控制。以前這些功能是由齒輪和彈簧等硬體來控制的，但如今硬體已不再是產品的全部，由軟體控制的功能在產品中的比例愈來愈大。

而IoT進一步將產品連上網路，使產品價值的本質從產品本身轉移為服務。

比如，現在的電視可透過電視線路更新軟體，改善電視的功能和操作性。相機也能透過網路更新軟體，提升連拍功能、增加濾鏡種類等，在購買後仍可持續提高便利性與功能。還有，很多汽車在硬體上都已經內建自動駕駛功能，只要法律解禁，隨時都可透過軟體更新開放自動駕駛。

由此可見，透過軟體發揮功能的產品，在連上網路後，就可在消費者購買後繼續提高產品價值。

現在的「產品製造」幾乎都以持續使用為前提。比如Apple的iPod當初之所以爆賣，就是因為搭配了「iTunes Music Store」這個服務。Sony的Walkman等產品早在iPod問世前就存在，而iPod之所以能搶走前者的市場地位，最大的原因就是結合了服務和產品，創造了新的價值。

不僅如此，緊接著iPod登場的iPhone也在軟體助力下，既能成為電話，也能成為相機、地圖或手電筒。而且還能透過網路下載新的App，做到更多事情，並透過更新App來提升操作性與功能。不僅如此，還能使用導航、分享照片、社群網路等服務。

產品連上網路後，產品的價值便不再只由產品決定，而是由產品跟服務的結合來決定。產品的價值先是從硬體向軟體轉移，然後又隨著IoT的普及轉移至服務。

產品服務化：運作機制

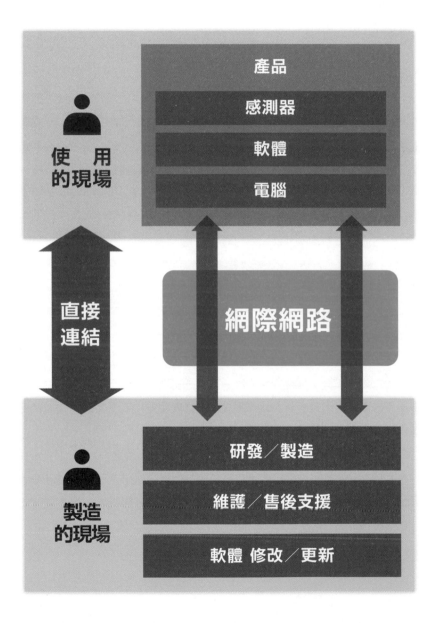

產品

感測器

軟體

電腦

使用
的現場

直接
連結

網際網路

研發／製造

維護／售後支援

軟體 修改／更新

製造
的現場

產品服務化的本質，就是將「產品使用的現場」跟「產品製造的現場」直接連結起來。

換言之，使用情境的變化和需求能立即回饋到製造現場，而製造現場的改善結果也能立即反映到使用現場。而要實現這套系統，就不能沒有 IoT，亦即可在無需人類照顧或操作的情況下，即時利用感測器取得現場數據，並加以分析、應用的機制。

同時，「產品服務化」又建立在「產品軟體化」的基礎上。也就是盡可能簡化硬體的部分以降低製造成本，並減少機械性故障和保養的手續與開銷。同時再利用軟體代替硬體實現產品的功能和性能。

產品功能和性能由軟體實現的比例擴大後，就可以透過網路從產品製造的現場更新軟體，立即介入產品使用的現場。換言之，我們可以用 IoT 立即掌握使用時的異常狀況，透過變更軟體的方式立即完成維修。另外，也能分析產品的使用數據來掌握第一線的需求，變更軟體，在顧客購買後繼續改善產品的使用機能和功能。

這就是產品服務化的本質。換言之，就是結合硬體、軟體、服務來創造產品的價值。但如果用賣斷的方式銷售「硬體＋軟體」的產品，產品的利潤很難在賣出後繼續為客戶提供服務價值。所以必須在「硬體＋軟體」之外加入「服務」，改用「訂閱（subscribe）」或「依量計價（依使用量收費）」的盈利模式，持續向顧客收取使用服務的代價。

換個角度來看，這種模式融合了市場與生產，將售後服務與產品製造合而為一。透過這套機制，就能直接且持續地為顧客提供更好的價值。

產品服務化不只是一種以出租的方式使用產品，再透過訂閱制或依量計價的方式來提高獲利的商業模式。唯有理解本節說明的產品服務化本質，才能發揮這套機制的真正價值。

IoT 的 3 層構造

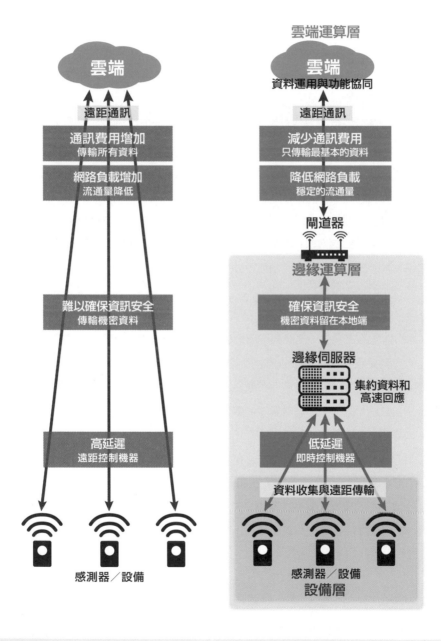

雲端運算層

雲端
資料運用與功能協同

雲端

遠距通訊

通訊費用增加
傳輸所有資料

減少通訊費用
只傳輸最基本的資料

網路負載增加
流通量降低

降低網路負載
穩定的流通量

閘道器

邊緣運算層

難以確保資訊安全
傳輸機密資料

確保資訊安全
機密資料留在本地端

邊緣伺服器
集約資料和
高速回應

高延遲
遠距控制機器

低延遲
即時控制機器

資料收集與遠距傳輸

感測器／設備

感測器／設備
設備層

IoT可大致分成3個階層：負責收集資料並上傳到網路上的「設備層」；負責收集、集約設備層的資料上傳到雲端，立即處理後再回傳結果的「邊緣運算層」；負責分析龐大資料或執行應用程式的「雲端運算層」。

「設備層」是指含有感測器、與外部機器之間的介面、將資料上傳到網路的通訊功能、處理應用程式的處理器的裝置，其職責是把感測器取得的資料上傳到網路。

「邊緣運算層」的職責是接收設備層傳來的資料，接著立即處理後回饋，或是集約起來只將必要的資料送給雲端。之所以需要插入這一層，是因為IoT裝置的數量太多時會發生以下問題。。

❖ 為每個裝置都建立線路會非常花錢

❖ 設備層送出的資料太龐大，網路負載太高

❖ 裝置的監視和控制運算負擔太大，全部集中到雲端會處理不來

除上述原因外，若透過網路將資料上傳到雲端再接收回饋，由於雲端機房的距離比較遠，容易產生較長的延遲。有時候可能沒辦法馬上回傳運算結果，錯過時機，影響裝置運作。

因此才需要在IoT裝置附近設置「邊緣伺服器」分散運算壓力，解決上述問題。同時，驗證個人或裝置身分等機密性較高的資料不上傳至公共網路，改由邊緣伺服器處理，也能降低資安風險。

這種結合雲端和邊緣運算來實現低延遲和大規模運算的架構俗稱「霧運算（Fog Computing）」。因為邊緣伺服器設置在裝置附近，比雲端（Cloud）更貼近地面。

至於「雲端運算層」則負責分析設備和邊緣運算層送來的資料、執行應用程式、提供跟其他雲端應用程式之間的協同功能。IoT就是透過這3層構造來實現的。

IoT 平台

設備	網路	平台	應用程式

設備
- 汽車
- 203 Kw ○×電力　智慧電表
- 智慧型手機
- 穿戴裝置
- 家電

網路
- 有線
- Bluetooth
- 4G
- 5G
- Wi-Fi

平台
- Log
- 資料累積
- 工作流
- 資料檢索
- 自動化／控制
- 驗證 安全性
- 分析 機器學習
- 機器資料

應用程式
- 農業
- 農業
- 製造
- 行政
- 物流
- 教育
- 交通
- 住宅
- 能源
- ‧‧‧‧

oT平台，指的是用連網裝置（IoT設備）收集資料，並提供資料的管理與分析、機器的控制與驗證等IoT應用程式需要之共同功能的架構。

IoT平台可分為以下3類。

●開發共同平台

提供開發應用程式用的工具、將IoT設備連上其他設備或雲端服務等的功能。比如Amazon AWS IoT、Google IoT Core、Microsoft Azure IoT等。

●產業特化平台

專為製造業或流通業等各種產業特化，提供設備管理與資料管理、裝置控制與數據分析等功能。在製造業有日立的Lumada、Siemens的Mind Sphere等。建築業則有提供管理工程進度和機材等功能的LANDLOG；航運業則有以「航運安全」和「維護最佳化」為目的，由日本郵船公司等業者提供的船舶IoT；以及推出了將流通相關的IoT資料跟數位營銷連結起來的「Customer Data Platform（CDP）」的Pelion等公司。

●產業共同平台

比如SORACOM Air提供的通訊功能，只需變更搭載在IoT設備上的無線通訊用SIM卡和通訊線路的設定，就能監測通訊量，統一管理IoT設備；IBM Watson提供的機器學習功能可分析IoT裝置收集到的龐大數據，將資料可視化，找出其中的關聯性和規律性；OSISoft的PI System可即時收集、保存、管理、顯示、分析如石油、天然氣、發電輸電、採掘、化學、造紙、煉鐵、製藥等加工業製造現場之機器產生的大量數據。

使用IoT平台，可以減少IoT系統中不可或缺的數據分析、設備管理、系統運維管理等業務的時間精力，將人力、物力、金錢等經營資源集中在能產生商業價值的應用程式開發和改修工作上。此外，也能將安全策略和支付等需要較高專業性的部分跟應用程式分開開發，讓人員可以專注在自己的專業領域上。

IoT 安全

大項目	中項目		指引	主要要點
IoT 安全策略的 5 個指引	方針	指引1	依據 IoT 的性質 決定基本方針	■ 由經營者為 IoT 安全負責 ■ 為內部不當行為與失誤做好準備
	分析	指引2	認識 IoT 的 風險	■ 找出要保護的對象，依照保護對象的連接對象預測風險
	設計	指引3	思考何種設計 才能保護到 要保護的東西	■ 採用不會連累連接對象的設計 ■ 採用即使跟不特定對象連接也能確保安全的設計 ■ 評估、驗證設計的安全性
	架設 連接	指引4	思考網路的 安全策略	■ 依功能及用途連接合適的網路 ■ 留意出廠設定 ■ 引進驗證功能
	管理 維護	指引5	維持安全狀態， 落實資訊的 傳輸和共享	■ 在產品出貨、上線後也要確保產品維持安全狀態 ■ 在產品出貨、上線後也要掌握 IoT 風險讓相關者知道我方提供何種保護 ■ 認識 IoT 系統和服務相關者的職責 ■ 掌握機器的漏洞，並適當提醒相關者
給一般使用者的規則				■ 避免購買、使用沒有客服窗口或售後服務的機器或服務 ■ 留意出廠設定 ■ 不用的機器要關掉電源 ■ 脫手機器時記得消除資料

出處：日本 IoT 推進聯盟「IoT 安全性指引 1.0 版」

「**裝**置」在連網後便有可能遭受網路攻擊,面對下列的安全性威脅。

● 引發意外

IoT設備一旦失去控制便有可能導致意外事故。比如汽車和醫療機器如果失控的話,就會攸關人命。此外,工業機器或生產機器等工業設備失控會導致工廠停擺,道路或鐵路等交通系統失控會導致塞車、停運、車禍等,都有可能使社會系統陷入混亂。

● 盜取資訊

若裝置收集到的資訊遭到竊取,也有可能造成各種損害。比如客戶個資被竊取會侵害到客戶隱私,攻擊者還可能利用客戶的註冊資訊非法存取該客戶使用的其他服務,或利用智慧音箱竊聽使用者的對話。

● 跳板攻擊

攻擊者也有可能入侵並從遠端操控IoT設備,然後把該設備當成跳板來對其他系統發動攻擊。比如從遠端操控IoT設備非法入侵其他系統,然後竊取資訊或破壞系統;又或是同時操縱多台IoT設備密集地對這些設備所連接的特定伺服器或機器發送存取請求,讓伺服器超載而無法使用,也就是俗稱的DDoS(Distributed Denial of Service attack:阻斷服務攻擊)等。之前也發生過攻擊者威脅企業,若不想被攻擊就要支付贖金。由於這類攻擊是間接透過被控制的IoT設備來發動攻擊,所以很難找出在背後控制設備的攻擊者。

為喚起大眾認識以上威脅,日本經濟產業省和總務省發布了「IoT安全指引」。其中特別需要注意的幾點,包含未更改IoT設備出廠時預設的ID密碼就直接使用、不更新軟體、使用沒有售後服務體制的機器等等。

IoT的安全性基本上跟「第6章 安全性」中提到的內容相差無幾,但因為IoT的範圍很大,要做到完善的安全策略並不容易,因此需要留意一些IoT特有的隱憂。

Intel 和 Arm

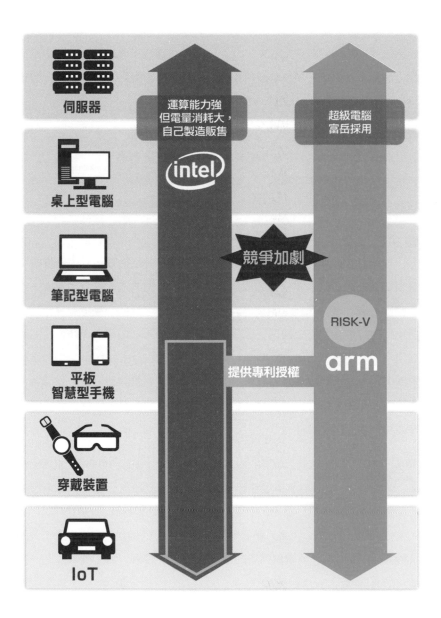

伺服器

桌上型電腦

筆記型電腦

平板
智慧型手機

穿戴裝置

IoT

運算能力強
但電量消耗大,
自己製造販售

intel

超級電腦
富岳採用

競爭加劇

RISK-V

arm

提供專利授權

過去相當於電腦心臟的中央處理器（CPU）多為Intel製；而手機和平板的CPU幾乎都使用英國Arm公司設計的架構。在手機和平板等裝置普及速度凌駕個人電腦的現在，Arm的CPU市佔率也不斷上升。

然而，一般人卻較少聽到Arm這個名字。這是因為Arm公司並不自己製造晶片，也不直接販賣冠有自家公司名稱的處理器產品。它們的商業模式是提供CPU的設計專利（license），開放其他公司使用此設計加上其他功能生產自己的處理器，再依照銷售量對這些公司收取專利使用費。

舉例而言，Apple公司就使用了Arm的專利，再加上影像處理和AI處理等功能後，設計出了自家的「A系列處理器」，搭載在iPhone和iPad上；後來又研發出更省電且擁有更強運算能力的「M系列」，搭載在MacBook和iPad上。還有，高通（Qualcomm）公司也使用Arm的專利，再加入各種手機需要的功能後推出自家的處理器產品，在Android手機市場打下極高的市佔率。就連Intel也是使用了Arm專利的公司之一。

Arm公司設計的CPU，特色兼顧了省電和高處理能力，並可靈活擴展，加入各公司自己設計的其他功能。由於這項特徵，Arm的CPU被廣泛應用在追求小型化、低耗電的智慧型手機和嵌入式系統上。同時，預計未來需求會繼續擴大的IoT機器也廣泛採用Arm的CPU。此外，消耗電力日益增加的資料中心用伺服器也逐漸改採Arm處理器，比如世界超級電腦排名的上屆冠軍——日本「富岳」就使用了15萬8千個Arm處理器。

2016年，Arm公司被軟銀以3.3兆日圓的天價收購。軟銀之所以不惜鉅資收購Arm，就是看準了Arm處理器的需求在IoT時代到來後將進一步擴大。內置Arm處理器的眾多「裝置」可以收集龐大的資料，而這些資料對未來的商業界將是非常重要的資源。

而Arm的挑戰者RISC-V近年也漸受關注。RISC-V是開源架構，因此使用此架構製造晶片不用支付專利使用費。而且RISC-V就跟ARM架構一樣，企業可以擴展並加入自己獨有的功能。Intel、IBM、Sony等一眾企業都加入了RISC-V的社群，預計未來將成為Arm的競爭對手。

超分散的時代

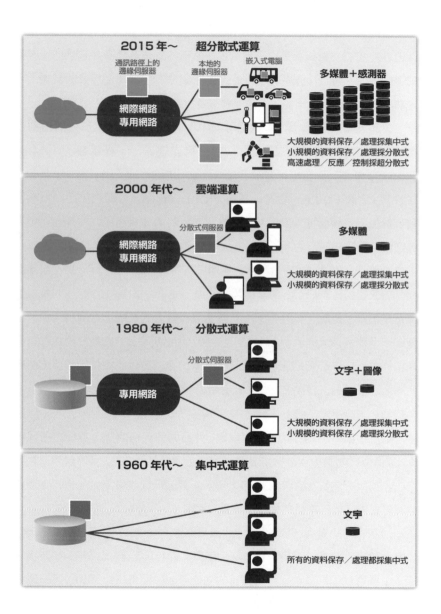

2015 年～　超分散式運算

通訊路徑上的邊緣伺服器
本地的邊緣伺服器
嵌入式電腦
網際網路 專用網路
多媒體＋感測器

大規模的資料保存／處理採集中式
小規模的資料保存／處理採分散式
高速處理／反應／控制採超分散式

2000 年代～　雲端運算

分散式伺服器
網際網路 專用網路
多媒體

大規模的資料保存／處理採集中式
小規模的資料保存／處理採分散式

1980 年代～　分散式運算

分散式伺服器
專用網路
文字＋圖像

大規模的資料保存／處理採集中式
小規模的資料保存／處理採分散式

1960 年代～　集中式運算

文字

所有的資料保存／處理都採集中式

1950年代，商業界剛開始引進電腦時，大部分工作都採用「批次處理」，委託負責計算業務的部門一次處理完後，再把處理結果印出來送回給委託者。

1960年代後，發展出了可以用鍵盤和顯示器操作電腦的分時處理法。當時這類裝置還不像現在的電腦一樣可以處理和保存資料，只能輸入和輸出資料，而所有資料運算和保存的工作都是集中到1台電腦上處理。同時，此時期的通訊線路很慢，能傳輸的資料只限文字。。

1970～80年代，迷你電腦和個人電腦等小型又便宜的產品問世後，除了跟其他人共用大型電腦（又叫大型主機或主機伺服器）外，部門和個別員工也能自己採購電腦。

此後，企業開始將大規模的資料運算和處理交給大型電腦，部門自己的業務和個人就能完成的業務交給小型電腦分散處理。然而，此時的通訊線路還是很慢，能傳輸交換的資料仍以文字為主。因此，業界也發展出了將以文字為主的業務交給多人共用的電腦（伺服器端）處理，再將運算結果的顯示、加工、編輯、圖像利用丟給個人電腦（客戶端）處理的「客戶端-伺服器端模式」，並逐漸普及。

1990年代，網際網路問世，然後在2000年前後雲端運算開始萌芽。不久後網際網路開始使用更快速、更大頻寬的線路，能傳輸的資料從文字擴大到音訊和影片。

伴隨科技進步，雲端急速普及。可使用雲端的裝置也不再只限PC，還多了智慧型手機、平板、穿戴裝置，適用的業務範圍和使用者也擴大。

如今，連網設備已擴大到汽車、家電、建築物內的設施，甚至是日用品。這些設備內置感測器，能產生大量數據。然而這大量的數據若直接使用移動網路傳輸，可能會壓迫到線路的頻寬。因此，業界開始就近在連網裝置附近設置中介的「邊緣伺服器」過濾數據，只把必要的資料上傳到網路。

邊緣伺服器除了集約資料外，也能用來處理需要即時運算並把結果傳回裝置的業務，或用來收集第一線產生的大量感測數據。另外，也有些系統不只在設備附近，也在通訊路徑上設置邊緣伺服器來擴大覆蓋範圍。

近年，裝置內的嵌入式電腦性能提升了不少，更出現了搭載機器學習／AI功能的產品，因此愈來愈多裝置把需要高速反應和低延遲時間的處理從邊緣伺服器轉移到設備端，讓設備自己控制自己。

未來，等高速且大容量、低延遲的5G（第五代移動通訊系統）普及後，現在由邊緣伺服器負責的暫時性資料保存、設備的運維與控制等工作，說不定又會逐漸轉移到雲端上。

同時，由於5G是專為跟大量設備通訊而設計的規格，期待將來可以實現萬物相連的社會，解決過去人類未能解決的問題。關於5G的詳細內容，後面我們會再進一步講解。

隨著IoT的普及，相信由邊緣伺服器和裝置內的嵌入式電腦組成的超分散運算系統，將接手雲端無法處理的資料和高速回應，逐漸定型成為未來支撐IoT的基礎設施。

摩爾定律

1965年的春天，快捷半導體公司的創始人之一，同時也是英特爾共同創辦人的高登・摩爾受《電子學》雜誌邀稿，該雜誌寫了一篇關於電腦未來的文章，以紀念其創刊35週年。當時的積體電路即使是最先進的實驗產品，最多也只能在1個電腦晶片中塞入30個電晶體。

但在摩爾為撰寫這篇文章而收集資料後，卻發現了一件令人驚訝的事。那就是1個晶片中可放入的電晶體數量，自1959年以來每年都會增加1倍。若這個趨勢維持不變，那麼到了1975年時，每個晶片內可放入的電晶體數量將達到6萬5千個。於是，摩爾發表了一篇以〈Cramming More Components onto Integrated Circuit（讓積體電路填滿更多元件）〉為題的文章。他在這篇文章中寫道，未來或許會出現「不可思議的家庭用電腦」或「攜帶式通訊機器」，甚至還會有「自動駕駛的汽車」。

「積體電路上電晶體密度，每隔18～24個月就會增加1倍，且性價比也會翻倍。」

這個被稱為「摩爾定律」的經驗法則後來確實應驗了。1971年問世的世界第一個微處理器「Intel 4004」內，就塞了大約2300個電晶體。而在這篇文章發表50年後推出的英特爾「第12代Core系列」處理器中，電晶體數量更高達幾十億。至於「不可思議的家庭用電腦」、「攜帶式通訊機器」、「自動駕駛的汽車」就更不用多說了。

自2007年第一代iPhone登場以來，社會和商業界的常識在10年間發生巨大變化。智慧型手機的出貨量在全球達到每年13億台，現在更可當成身分證明、信用卡、錢包來使用。日本也在推動修法，讓手機可以具有身分證的功能。如今電腦改變的不只是經濟，也在大大改變我們的日常生活和社會的互動關係。

可以說正如摩爾當年的預言，電腦已滲透到我們的社會和生活的每個角落，快速改變社會和商業的型態。

5G（第五代移動通訊系統）：
3 個特徵

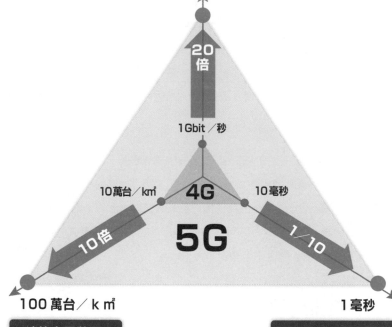

高速／大容量

20Gbit／秒

模擬現實
代替光線／跟光纖互補
eMBB：
enhanced Mobile Broadband

20倍

1Gbit／秒

10萬台／km²　　**4G**　　10毫秒

5G

10倍　　　　　　1／10

100 萬台／k m²　　　　　　　1毫秒

連接大量裝置

建構高精度／高分辨率的
數位雙生
mMTC：
massive Machine Type
Communications

超低延遲、高可靠性

時空間的同步
即時連接
URLLC：
Ultra-Reliable and
Low Latency Communications

「第五代移動通訊系統」，即5G，是繼4G之後的下一次移動通訊系統，自2020年起開始在日本推出。

1979年，日本電信電話公社（現NTT）領先全球，推出了採用獨家規格，俗稱「車載電話」的行動電話商用服務。後來，美國也推出類似的商用服務。1984年，可以拿在手上的「行動電話」問世，正式進化出可以真正帶著走的電話。當時的手機仍是用類比訊號來實現「音訊通話」。這便是「1G」。而到了1994年的「2G」問世後，手機改用數位方式通訊，除音訊之外又增加了「文字通訊」的能力。2001年「3G」登場，實現了「高速資料通訊」，手機開始能瀏覽網頁和收發電子郵件。2010年「4G」推出，伴隨智慧型手機的普及，資料傳輸的速度變得更快，變得能夠傳輸影片。而到「5G」後，除了4G原有的功能和性能進一步提升外，未來預期還能支援「IoT」。

5G的目標在於實現「高速且大容量的資料傳輸」、「超低延遲和超高可靠性」、「同時連接大量裝置」。

「高速且大容量的資料傳輸」，指的是20倍於現行4G的高速、大容量資料通訊網，目標是實現10G～20Gbps的高超峰值速度。這相當於在3秒內下載完2小時的電影。

而「超低延遲和超高可靠性」的目標是讓裝置無論在任何場景都能以低延遲通訊。延遲時間是4G的10分之1，即1毫秒。這項特性的目的是應用在通訊延遲時會導致意外的自動駕駛，或是在緊急時需要確保可靠通訊的防災場合。此外，也能從遠端即時控制機器人，將操作延遲降低到使用者感受不到的程度。

至於「連接大量裝置」，目標是將可同時連接網路的裝置數增加到目前的10倍，或在同數量下提升省電能力。雖然4G網路每平方公里也能同時連接大約10萬台裝置，但這數量在IoT普及後仍不夠用。而5G網路的目標是每平方公里同時連接100萬台裝置。因為在未來的時代，除了智慧型手機和電腦，我們身邊的各種機器都將能連上網路。

5G（第五代移動通訊系統）：
區域型 5G

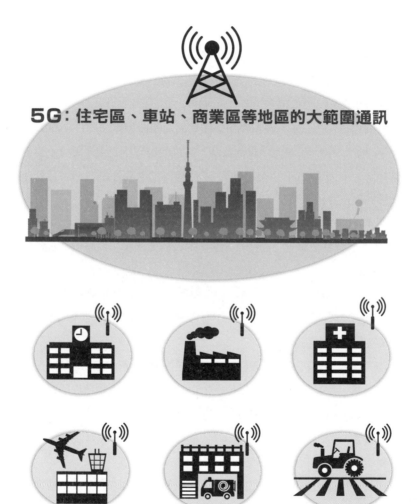

5G：住宅區、車站、商業區等地區的大範圍通訊

區域型5G：「自有建築內」或「自有土地內」，
只有該場所的使用權人可以使用

「區域型5G」指的是範圍限制在「自有建築內」或「自己的土地上」的「自營5G通訊」，在歐美稱為「Private 5G（私有5G）」。在日本，只有企業或地方政府等擁有特地場所使用權利者可以申請區域型5G的營業執照，而全國範圍的電信業者則無法申請。

日本總務省之所以為「區域型5G」建立執照制度，是為了更靈活因應企業和地區的個別需求，並提供各行業的業者加入5G行業的機會。

同時，「區域型5G」制度也允許企業接受其他企業或地方政府的委託來申請營業執照。只要利用此制度，就能由使用者企業申請營業執照，再把系統的架構工作外包給系統整合業者，或是選擇把執照的申請和運維工作也都外包出去，然後以雲端服務的方式提供一系列服務，拓展出更多可能的商機。

在日本政府的預想中，這些「區域型5G」的業者包含地方政府、鐵路公司和有線電視業者等地區型企業，以及IT供應商、系統整合業者、裝置供應商、IT商務業者等。

「區域型5G」跟普通5G一樣具備「壓倒性速度」、「同時大量連接」、「低延遲＋高可靠性」這3項特徵，屬於高品質的通訊規格，但具體用途仍不明朗。因為區域型5G能做的事情，有不少用基於現有4G技術的私人LTE（Long Term Evolution）和Wi-Fi（無線區域網路）就能實現。另外，在剛開始驗證實驗的階段也難以預測設備和營運相關的費用，因此「區域型5G」的用途，未來還要繼續尋找才會知道。

即便如此，目前已有人開始討論用區域型5G的無線線路來靈活連接工廠生產線或裝置、遠端控制建築機械、監測或管理農地等產業用途，以及應用在AR（擴增實境）／VR（虛擬實境）上推出觀光服務等的可能性。同時，5G的高安全性和靈活性或許也能應用在關鍵任務領域，比如警察、消防、醫療機構等。

將來，相信大範圍的公共5G和「區域型5G」將有機會無縫連接，讓這個萬物都能連網的社會進一步進化。

5G（第五代移動通訊系統）： 網路切片

能源相關機器的監視與控制	遠距醫療	災難應變	醫療遠距醫療或區域醫療	企業內業務系統
農業設備或機器的監視與控制	各種設備機器的監視與控制	汽車 TSS 或 自動駕駛	地方政府行政服務	各種雲端服務
物流可追溯性	遊戲	公共交通機關	金融服務	. . .
高效率 網路切片	**低延遲** 網路切片	**高可靠性** 網路切片	**安全** 網路切片	**按企業分** 網路切片

網路切片技術

5G

高速／大容量資料傳輸	連接大量裝置	超低延遲超高可靠性

雖然說，5G是為了用單一網路滿足「高速且大容量的資料傳輸（eMBB）」、「同時連接大量裝置（mMTC）」、「超低延遲及高超可靠性（URLLC）」等不同要件而開發的，但在實際的使用場景中，這個網路還可以依照不同的使用目的而虛擬切分成多個網路。這項技術稱為「網路切片」，是5G的核心技術之一。

現行的4G和無線區域網路不論是用來傳輸音訊、影片、操縱無人機、收集感測數據，網路的速度和頻寬全都相同，換言之全都享有相同的服務品質。然而，用智慧型手機收看高解析度影片時需要很大的網路容量和傳輸速度，而操縱無人機的時候不需要這麼大的網路頻寬，相對地卻需要較低的通訊延遲。

而5G將有望廣泛應用在各種不同用途上，但若對不同通訊速度和頻率需求的用途全都平等地分配完全相同的服務品質，那有限的電波資源很快就會用完。因此5G使用了網路切片技術，可以按照用途改變網路服務品質，更有效率地使用電波資源。

比如，對於需要低通訊延遲的用途，可以極力縮小每次傳送的數據大小，藉以縮短資料上傳開始到完畢的時間，縮短資料抵達機器的延遲。然後，對於收看影片等需要高速傳輸大量資料的情境，可以加大頻寬來傳輸大量資料。此外，企業內部的專用網路也可以直接使用5G公共網路的網路切片，如此一來就不用花大錢擁有通訊機器，省去運維管理的成本。

如此，不僅可以調整服務品質來有效利用電波資源，還能依據網路服務品質來設定收費價格。

結合5G和「網路切片技術」，應能大大拓展5G的應用範圍和自由度。

5G（第五代移動通訊系統）：
NEF

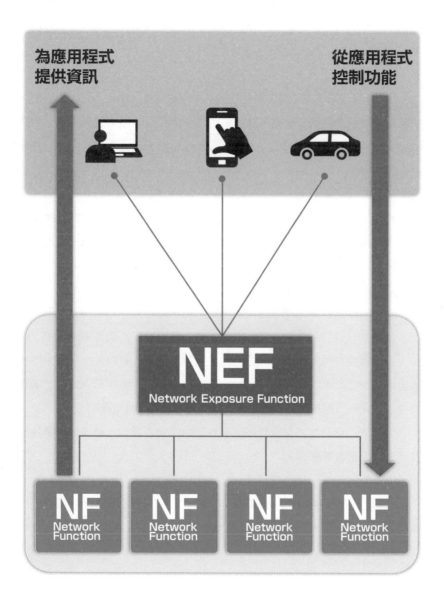

為應用程式
提供資訊

從應用程式
控制功能

NEF
Network Exposure Function

NF
Network
Function

NF
Network
Function

NF
Network
Function

NF
Network
Function

「NEF（Network Exposure Function）」是將5G擁有的一部分網路功能（Network Function）開放給外部app使用的技術。除了讓使用者能用app掌握來自網路的資訊外，也提供使用者可從app控制NF的API（Application Program Interface：橋接app和網路功能的功能）。

現在，手機上的app只能取得保存在手機硬體上的資訊，能控制的也只限手機本身的功能。但5G能讓app使用網路的控制功能，讓網路與app緊密連接在一起。

可透過NEF使用的網路功能包含以下幾種。

❖ AMF（Access and Mobility Management Function）：管理使用者在各區域間移動時的註冊與無線連接
❖ SMF（Session Management Function）：設定和開放app使用的資料傳輸路徑
❖ UDM（Unified Data Management）：保存所有使用者的網路合約資訊、設備認證資訊和設備在網位置資訊
❖ PCF（Policy Control Function）：根據各app提供的要件，設定使用的資料傳輸路徑的速度與延遲時間等品質
❖ NSSF（Network Slice Selection Function）：動態分配和切換裝置使用的網路切片　等

比如，假設有個人搭乘自駕車在高速公路上行駛，同時一邊用車上的顯示器參加一場線上會議。此時由於汽車正在移動，所以當汽車遠離基地台時，延遲時間會愈變愈大，無法好好通話。因此，5G網路會依照汽車的位置動態切換這輛車所連接的基地台來控制延遲，讓使用者即使在高速移動中也能流暢地通話。此時，NEF會把使用者的位置變化告訴app，然後app會使用API動態切換到離自己最近的基地台。

透過此技術，app就能利用5G網路提供的資訊操作網路功能。

CASE 對汽車產業的衝擊

CASE Connected
Autonomous
Share
Electric

Share
共享

汽車低價化，
難以確保利潤

汽車變難賣，
銷量降低

不再需要
計程車和租車

公車和鐵路的
定位改變

Connected

不再需要
汽車保險

不動產行業
受到影響

連結

物流成本
大幅下降

不再需要
加油站

消除塞車，
減少環境負擔

不再需要
休息站和汽車旅館

自主化
Autonomous

電動化
Electric

現在，汽車產業正面臨「CASE」的衝擊。而且未來CASE的浪潮將跨越汽車產業，迫使其他許多產業進行變革。

所謂的CASE，是Connected（連結）、Autonomous（自主化）、Shared（共享）、Electric（電動化）這四個單字的縮寫。

近年我們的身邊愈來愈常聽到自動駕駛的話題，但自動駕駛功能光靠一輛車去辨識周圍環境是無法實現的。

汽車必須跟其他車輛交換資訊，或是從紅綠燈或其他裝設在道路上的感測器獲取情報，才能預測下個路口轉彎後有沒有障礙物、300公尺前的車道有沒有被禁行、十字路口的死角沒有其他車輛或腳踏車冒出來。

同時，自動駕駛系統也必須正確掌握目的地路上的道路標誌、紅綠燈、建築物等物件的立體分布。而要做到這點，就必須建立資料量龐大的3D地圖。但這些資料時時刻刻都在改變，個別汽車的電腦沒有能力掌握所有資料，所以只能在需要時才從雲端下載。然而，現實地理環境會不斷變化。因此，汽車發現變化後會把最新資訊傳給雲端上的3D地圖，幫忙更新其他在附近行駛的車輛的地圖。換言之，沒有「Connected」就無法實現「Autonomous」。

此外，汽車透過網路「Connected」後，也能即使掌握彼此的運作狀況。由於日本家用車的平均使用率只有4%，因此若能互相協調彼此的空閒時間，實際上根本用不到這麼多車。換言之只要「Shared」就行了。「Shared」不只能更有效利用空間和地球資源，還能減輕使用者的經濟負擔，同時提供公共交通設施所沒有的便利性，讓使用者可以自由移動到任何目的地，相信未來只會更加普及。

而為了降低廢氣排放和噪音等環境汙染，以及減少構成零件來削減製造成本，「Electric」也正成為一大潮流。中國和歐盟都已立法限制汽油車和柴油車，強制民眾逐漸換用「Electric」的汽車。

最先受到CASE影響的是汽車產業自己。相信未來汽車的生產量將會減少，製造成本也會下降，導致汽車價格下跌。汽車產業的利潤將難以避免地大幅下降。

同時，一旦實現完全自動駕駛，交通事故的責任將完全轉移到製造汽車的公司上。如此一來，也就不再需要以交通事故責任在駕駛人身上為前提的汽車意外險。雖然完全自動駕駛還要一段時間才有機會普及，但在部分自動駕駛普及的過程中，交通事故必定會減少，改變保險公司的利潤。

接著計程車和出租車的使用者也會減少。在共乘服務已逐漸普及的美國和東南亞，許多計程車和租車公司已面臨倒閉。

然後加油站也會消失。如今汽車的燃油效率比過去提高很多，因客流量太低而收掉的加油站愈來愈多，而等到「Electric」普及後，更是完全不用加油站。

汽車數量減少後，停車空間也會減少，原本用來當成停車場的廣大土地將閒置出來。結果將使都會區的地價下跌，令建築業和不動產發生變化。都市計畫的型態也將改變。

而在物流業，未來貨車將能組成緊密的車列（多輛貨車以數十公分的車距排列行使），大幅提高運輸效率，降低物流成本。尤其在美國這種土地面積廣大的國家，目前仍十分依賴運輸時間長達數天的卡車運輸；未來改用不需要司機的「Autonomous」後，就能省掉中間休息的時間，大幅縮短運送時間。但另一方面，公路沿線的休息站和汽車旅館也將不再需要，影響到地方經濟。

汽車數量減少，並讓汽車在行駛時跟其他車輛和紅路燈彼此交換資訊，還可以解決塞車問題。而解決塞車有助提高運輸和移動的效率，減少馬路的維修工程，同時對建築業的獲利結構造成巨大影響。另外，高速公路網等公路計畫也會受到影響。

由此可見，正席捲汽車產業的CASE海嘯不只會影響汽車業，也可能會捲入周圍的其他產業，帶來破壞性的變革。

梅特卡夫定律

梅特卡夫定律是乙太網路的其中一位發明者羅伯特‧梅特卡夫提出的定律,這項定律認為「一個網路的價值與連接該網路的使用者平方(n²)成正比」,在1993年由喬治‧季爾德公式化。

舉例來說,如果這世上只有你一個人擁有電話,那麼電話將毫無用處。但是,如果還有另一個人擁有電話,那電話就能用來在你們兩人之間傳送訊息。而如果再多一個人擁有電話,那麼擁有電話的這三個人,就都能跟另外兩個人通訊。而當電話機的數量愈來愈多,電話機之間的連線會以平方(n²)的比例增加,讓電話的價值加速上升。這就是「梅特卡夫定律」。

要注意的是,網路的價值增加速度遠遠大於連接點增加時的成本。因為連接成本的計算方式是「設備單價×數量」,是線性增加;而網路的價值則跟連網設備數量的「平方(n²)成正比」。

比如網路世界之所以會出現Google和Amazon這種「獨大」企業,就可以用「梅特卡夫定律」來解釋。

首先,當服務的使用者增加後,這個服務網的價值會以跟使用者人數平方成正比的速度增加。所以使用者的人數愈多,網路價值就愈高,而這個價值又會吸引更多使用者加入。然後網路變得更有價值,又再吸引更多使用者。如此循環下去,就產生了其他競爭對手遠遠追不上的「獨大」情況。

換言之,即使初期的投資再高,也應該盡快增加使用者,這樣才能提高服務的價值,掌握業界的主導權。

梅特卡夫剛提出這項定律時,網路還是由桌上型電腦、傳真機、有線電話組成的時代。但隨著網際網路的普及,如今有數百億台裝置透過網路連接。而IoT只會加速這個趨勢,讓網路的價值急速提升。我們應該認識到,IoT行業也將遵循「梅特卡夫定律」,變得愈來愈有價值。

第 8 章

用於理解和適應
複雜社會的
AI 和資料科學

現在業界正開始引進用機器代替人類從事知識性工作的技術。這項俗稱「人工智慧（Artificial Intelligence，AI）」的技術，正為世界帶來各種恩惠。

「AI」有很多不同的解釋和定義，但大致上泛指「用軟體實現原本由人類完成的知識性工作的技術與研究」。而讓機器能做到這種「知識性工作」的基礎，則是一種俗稱「機器學習（Machine Learning）」的技術。

比如，我們人類是透過視覺、觸覺、嗅覺來認識蘋果和橘子的顏色、形狀、大小、觸感、重量、氣味，繼而分辨兩者。而「機器學習」則是從讓機器從數據中找出這些特徵（的組合）的技術。

運用「機器學習」讓電腦記住機器正常運作時的聲音，電腦就能在偵測到跟平常不一樣的聲音時知道「機器出現異常」。還有，讓電腦找出癌症病患的X光片的特徵，電腦就能從X光片判斷有沒有癌細胞。除此之外，讓電腦找出中文和英文的特徵，以及兩者之間的關聯性，電腦就能自動為我們進行翻譯。讓電腦找出圍棋或象棋致勝棋路的特徵後，現在電腦已能打敗職業的棋手。讓電腦找出安全駕駛汽車的方法，未來也能利用電腦來自動駕駛汽車。

所以說，只要透過機器學習，從資料中找出那些人類依靠經驗和思考掌握的事物特徵，並巧妙運用它們，就能代替人類完成各式各樣的知識性工作。

聽到這句話，相信很多人會擔心「那這樣人類的工作不會被搶走嗎？」。然而，過去砂石車和挖土機發明後，也大幅提高了土木工程的效率，讓人類可在短時間內完成工程，進行過去無法想像的大型土木工事。還有，工廠的自動化雖然減少了人類的工作量，但人類活用自動化機械，成功減少了製造成本、縮短產品交付期，又提高了產品品質。

回顧歷史，人類創造了工具，並使用工具推動社會進步。AI也是這些

工具之一。就跟過去一樣，只要妥善運用「AI工具」，理論上便能加速社會的發展。

另外，也有人擔心「若機器變得比人類更聰明，說不定會支配人類」。然而，人類到現在都還沒辦法回答出「智慧是什麼」，也還沒解開「大腦產生智慧的原理」，更不知道如何工學上創造智慧。舉例來說，諸如意識、好奇心、愛情、厭惡等腦部活動的機轉，目前都還沒得到理論性的解答，所以當然也沒辦法人工創造它們。

與其擔心「機器得到超越人類的神明般智慧」，不如積極活用AI代替人類更精確更有效率地完成工作，擴張知識性能力，去完成更多過去做不到的事情，享受它們帶來的好處。這麼做更加務實。

我們應該將能交給AI做的事情完全交給AI，把人類的精力和時間轉移到只有人類能做的事情上，提高商業和社會的價值。這個想法也跟數位轉型要達成的「理想狀態」一致。

在少子高齡化的日本，勞動力正一天比一天減少。要彌補短缺的勞動力，維持經濟和人們的生活，就必須妥善運用AI。相信未來在人口外移和高齡化的偏鄉地方，自駕車將是人們主要的運輸方式，成為不可或缺的交通手段。同時，過去「很難操作又不好用」的機器，在未來都能直接用語音如對話般控制後，將能為高齡者或身障人士帶來莫大恩惠。

雖然目前業界還在摸索AI的應用方式，但有愈來愈多領域都確實開花結果。不如說，企業都應該積極地將AI引進商務，為社會貢獻，並提高事業的價值。

本章，我們將各位介紹關於人工智慧（AI）的知識。

❝ 人工智慧（AI）與通用人工智慧（AGI）

臉部驗證

聲音辨識

人工智慧
（特化型人工智慧）

AI： Artificial Intelligence

用來處理特定領域之
知識性工作的程式

圍棋

自動駕駛

由人類給予主題
由人類擴充能力

自己尋找需要知道的知識
自己思考該怎麼解決問題

擁有好奇心和興趣
自己設定目的和主題的能力

通用人工智慧

AGI： Artificial General
Intelligence

可處理所有領域之
知識性工作的程式

自己尋找主題
自己擴充能力

家事　　醫療診斷

AGI

研究　　諮詢

古人曾因為「想像鳥一樣飛在空中」，而自己創造「鳥」嗎？當然沒有。古人是仔細觀察了鳥的飛行姿態、研究鳥的身體結構和骨骼，並摸索飛行的原理，最後運用這些知識創造了「飛機」。而如今的飛機更發展出跟鳥類截然不同的功能和性能。

AI也一樣。「辨認圖像」、「聆聽聲音」、「翻譯外語」等工作，都是人類運用「大腦」才能完成的知識性工作。然而，「AI」並不是「大腦」，而是一種參考了「大腦」處理知識性工作的原理，針對不同知識性工作而創造的程式。而「AI」也跟飛機一樣，發展出了跟大腦完全不同方向的獨立路線。

「AI」的進化有不少亮眼之處。比如在辨識圖像能力方面，AI已經展示出超越人類的成果。這項技術已被用來辨識核磁共振和X光片尋找疾病，或是用來辨識防盜攝影機的影像，從客人的舉動判斷竊盜的可能性。另外，現在AI也能即時翻譯不同語言的對話，或用普通的對話就能控制冷氣等家電、在網路上購物或者播放音樂等等。

然而，這些全都是為了「特定知識性工作」打造的專用程式。這些程式不像人類的大腦般具備「可同時處理影像辨識、聲音辨識、對話應答等不同知識性工作，並組合它們完成複雜知識性作業的能力」。它們充其量只是「能處理特定領域知識性工作的程式」，一般稱之為「AI」。

與此同時，科學家也持續在研發「可應對所有領域知識性工作的程式」。為了跟AI做出區別，我們將這種程式稱為「AGI（Artificial General Intelligence）：通用人工智慧」。有時為了強調這兩者的差別，也會把「AI」稱為「特化型人工智慧」。

不過在目前的階段，科學家還沒找到實現AGI的方法。確實，AGI若能實用化，就能取代或提升很多需要綜合不同領域知識之工作的效率。然而，目前看來還有很長一段距離。但已逐漸看見這個可能性。

弱 AI 與強 AI

人工智慧（AI）與 通用人工智慧（AGI）

是否跟人類一樣擁有處理多領域問題的能力

人工智慧（AI）

專精於特定領域，自動學習、解決問題的 AI

比如擁有圖像辨識、聲音辨識、自然語言處理等技術的 AI。目前已達實用階段，廣泛應用在商業領域

通用人工智慧（AGI）

不只針對特定領域，能跟人類一樣處理各種不同問題的 AI

人類即使遇到預想外的狀況，也能根據過去的經驗綜合性地推理並解決問題。而通用人工智慧也擁有類似人類的問題處理能力。

弱 AI 與強 AI

是否擁有跟人類一樣的意識和智力

弱 AI

只能取代人類智力的一部分，執行特定知識性任務的AI

不用完全模仿人類解決問題的方式，只要在結果上取得「跟人類做得差不多」的知識工作成果即可

強 AI

有跟人類一樣的意識，可以處理需要完整認知能力的工作的 AI

完全解開人類和意識與智力的機制原理，用人工方式實現相同的效果

前一節的「AI」和「AGI」是用「是否跟人類一樣擁有處理多領域問題的能力」當區分標準。而除了這種分法，還有一種用「是否擁有跟人類一樣的意識和智力」當標準，將AI分為「弱AI」和「強AI」。

「弱AI」是指「只能取代人類智力的一部分，執行特定知識性任務的AI」，在此意義上，其定位跟「（特化型）AI」幾乎相同。同時，弱AI的目的不是要模仿人類大腦的運作原理或處理知識的方式，而是追求在處理知識工作時取得「跟人類來做時一樣的成果」即可。在這一點上，弱AI的定位跟「AI」相同。

弱AI的相對概念是「強AI」，也就是「具有跟人類一樣的意識，可以處理需要完整認知能力的工作的AI」。換言之，強AI的目的是搞懂人類意識和智力的運作原理，用人工方式實現跟大腦一樣的功能。關於這一點，因為現在科學家還沒弄清楚人腦產生意識和智力的「運作原理」，所以當然也還不知道怎麼重現它。

「強AI」的目標是「以人工方式重現人腦的意識和智能」，但「AGI」則不是，只追求成為「不只能處理特定領域，可以解決各種領域之問題」的單一軟體。若能做到這點，那AGI的運作原理不一定要跟大腦相同。

另外，「通用（可用於各種不同用途）」不需要是「全部」，所以可在某種程度上實現「通用」的AI或許很快就會問世。比如能將數值、圖像、文字、聲音等不同種類的資料關聯起來處理的AI。現在有種叫「基礎模型（Foundation Model）」的技術可以使用龐大的資料進行大規模運算。雖然還稱不上AGI，但又跟特化型AI不一樣，有望實現大範圍的應用。

在研究者們求知慾驅動下，或許終有一天會實現「強AI」也說不定。但現階段前景還不明朗，難度恐怕也相當高。既然如此，先把重心放在「AI」或「弱AI」，或是不遠的「基礎模型」上會更加務實。

各時代被冠以 AI 之名的技術

演繹法：運用人類經驗或觀察，從一般或普遍的事實導出結論的方法

第 1 次 AI 浪潮
1960 年代

推論和探索

在已確定規則和終點的遊戲中，讓電腦不斷進行選擇，設法抵達終點

能做到的事

- 走迷宮
- 證明數學定理
- 下棋　等

以有嚴格的規則和明確的終點為前提。對無法列舉所有規則，規則和終點都不明確的現實世界毫無用處（玩具問題）

第 2 次 AI 浪潮
1980 年代

基於規則的系統和專家系統

脫離玩具問題，將專家（expert）知識植入電腦來解決現實中的複雜問題

能做到的事

- 根據病徵找出病名
- 根據已發生的現象診斷機器故障
- 根據病患的病徵診斷細菌感染的種類

必須事先把規則告訴電腦，而且當規則互相矛盾時將無法處理問題。另外，當遇到沒有教過的例外情境時也無法應對

歸納法：從事實和事例（數據）的傾向推理出結論的方法

第 3 次 AI 浪潮
2010 年代

包含深度學習在內的統計式機械學習

不是由人類給予規則，而是讓機械去分析資料，找出資料中的模式，自己推論出規則

能做到的事

- 辨識圖像並分類
- 翻譯出自然的文章
- 根據核磁共振或 X 光片找出癌症

目前主要是為圖像處理、聲音辨識、語言翻譯等用途特化的技術。不是像人腦一樣具有通用性，擁有意識或心靈的技術

在不同時代，「AI」一詞所指涉的技術各不相同。

● 第 1 波 AI 浪潮／ 1960 年代：推論與探索

此時期的AI，是指能在「走迷宮」、「證明數學定理」、「下棋」等擁有明確規則和終點的遊戲中，透過選擇來盡可能靠近終點的程式。

但是，這種AI只能解決有嚴格規則和明確終點的問題。在遊戲中還好，但在無法列舉所有規則，且規則和終點都不明確的現實世界完全派不上用場（玩具問題），因此這波浪潮不久便衰退。

● 第 2 波 AI 浪潮／ 1980 年代：基於規則的系統和專家系統

此時期的AI，是指植入了「根據病徵找出病名」、「根據已發生的現象診斷機器故障」、「根據病患的病徵診斷細菌感染的種類」等用來解決現實問題的專家（expert）知識，可以解決現實世界複雜問題的系統。

然而，這種AI必須預先植入規則才能發揮功能，而且規則互相衝突時就無法處理問題。同時，在遇到沒有事先學過的例外情境時也無法應對。雖然在特定領域具有實用性，比如診斷某些機器有無故障，或調製特定領域的樂劑，但難以用於通用性的知識處理，因此這波浪潮最終也衰退了。

● 第 3 波 AI 浪潮／ 2010 年代：包含深度學習在內的統計式機械學習

這時期的AI，是指能做到「辨識圖像並分類」、「翻譯出自然的文章」、「根據核磁共振或X光片找出癌症」等工作，不用人類給予規則，可以自己分析資料，並找出資料中的特徵組合（規律或關係等），然後使用它們自己建立一套判斷規則的系統。

然而，這些AI仍是專為圖像處理、聲音辨識、證券交易等單一用途特化的AI。不過，雖然還有很多問題要解決，但現在很多企業都在積極投資，這類AI的實用性正與日俱增，廣泛應用到各種領域中。

可以說，這波AI浪潮仍在蓬勃地發展。

基於規則的系統（專家系統）與機器學習

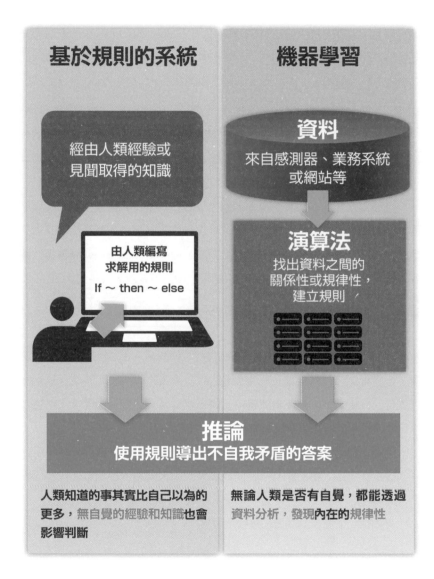

基於規則的系統

經由人類經驗或見聞取得的知識

由人類編寫求解用的規則
If ~ then ~ else

機器學習

資料
來自感測器、業務系統或網站等

演算法
找出資料之間的關係性或規律性，建立規則

推論
使用規則導出不自我矛盾的答案

人類知道的事其實比自己以為的更多，無自覺的經驗和知識也會影響判斷

無論人類是否有自覺，都能透過資料分析，發現內在的規律性

●基於規則的系統

網路商店上那些「你可能對這些商品有興趣」的「推薦」功能，其實是有人在背後預先設定規則的。因為設定規則的人認為「A商品和B商品有關連性，所以買了A的人有很高機率也會買B」，所以才設定了「向搜尋了A的人推薦B」的規則。只要設定大量這類的規則，就能自動向顧客推薦各式各樣的商品。

這套方法也能應用在其他領域，基本上只要事先設定好「若某條件成立就做什麼」，亦即「if 條件 then 行動或狀態 else 其他行動」這樣的規則，就能用來解決各種各樣的問題。

但是，由人類編寫規則非常費時費力，而且有很多東西沒法建立規則，除了特定機械的故障診斷、特定保險的契約規則確認等，有明確對象且可以明確寫出規則的情況外，都無法使用這套方法。

●機器學習

買了A也很高機率會買B，這只是設定規則者的主觀推論，說不定實際上買C的人比例更高。因此，AI科學家想出了「機器學習」，也就是透過分析資料，找出資料中的規則和關係，讓機器自己生成分類和判別規則的方法。比如讓機器去分析過去的購物紀錄，比較同時買A和B的人跟同時買A和C的人哪個比較多，再推薦比例更高的那種組合，促銷效果也會更好。

這套方法也能用於其他領域，比如用在翻譯上，可以讓機器閱讀同一篇文章的中文版和英文版，若「我愛你」和「I love you.」同時出現的機率很高，機器就會推論這兩句話意義相同，然後在翻譯時自動替換。雖然機器沒有真正理解這句話的意思，卻還是有實用價值。另外，將機器學習用在圖像上，機器會從大量圖像資料中找出各種特徵，然後將特徵高度相同的圖像分在同一類；或是事先準備好「狗」和「貓」的特徵組，讓機器去比對，機器就能辨識出「這張圖片跟貓的特徵組的一致性比跟狗的更高，所以這是貓」。這個方法的應用範圍很廣，實用化的腳步也在推進。

AI 能做到的事

機器學習

資料

機器學習

可視化

找出大量資料項目的關聯性，
將之整理成可被人類感性理解的形式

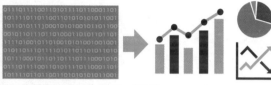

例：在地圖上依地區、性別、年齡等
　　顯示疾病的分布

分　類

找出人類無法辨別的類似傾向，
分組化後辨別

例：根據店面的監視攝影機影像
　　分類顧客的購物行為和興趣嗜好

預　測

從過去的資料傾向
預測未來發展的可能性

例：從日照量、氣溫、溼度等氣象資料
　　分析澆水、施肥的量和時機

「AI」能做到很多事情，而這些事大致可分為「可視化」、「分類」、「預測」三大類。

●可視化

找出大量資料的相互關聯性，將之轉為可被人類感性理解的形式。比如：

❖ 在地圖上依地區、性別、年齡等顯示疾病的分布

❖ 根據基因的排列和變異傾向，將感染特定疾病的機率用簡單易懂的圖表呈現

❖ 使用外部感測器取得的各種數據，將無法直接測量的高溫熔爐內部的溫度分布狀態轉換成影像呈現　等

●分類

找出人類無法辨別的類似傾向，分組化後辨別。比如：

❖ 根據店面的監視攝影機影像分類顧客的購物行為和興趣嗜好

❖ 從產品的圖像資料判斷是良品還是不良品

❖ 從龐大的電子郵件資料中，找出違反公司規定的郵件使用行為　等

●預測

從過去的資料傾向預測未來發展的可能性。比如：

❖ 從日照量、氣溫、溼度等氣象資料分析澆水、施肥的量和時機

❖ 從過去的犯罪資料預測犯罪發生的地點、時間、內容

❖ 從過去龐大的實驗資料，預測新實驗可能取得什麼樣的結果　等

只要循環重複此過程，累積更多資料，就能取得更細緻、更精準的結果。而「機器學習（Machine Learning）」就是讓此方法成真的技術。

機器學習是什麼

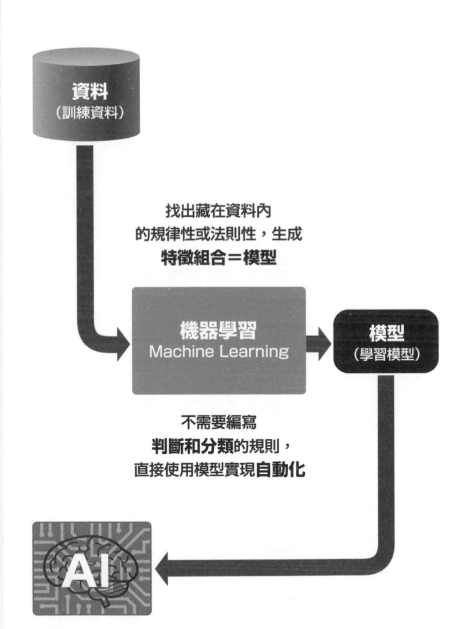

資料
（訓練資料）

找出藏在資料內
的規律性或法則性，生成
特徵組合＝模型

機器學習
Machine Learning

模型
（學習模型）

不需要編寫
判斷和分類的規則，
直接使用模型實現**自動化**

AI

「機器學習」是一種資料分析方法，泛指尋找資料內在規律或法則的軟體技術。「機器」指的是「電腦」，「學習」指的是用來尋找規律或法則的「計算處理」。

使用「機器學習」技術，即使不給予電腦明確的指示，電腦也能自己分析資料，找出這份資料中存在何種特徵組合（規律或法則等）。分析的資料愈多，電腦就能找出愈細微的特徵組合，得到更精準的結果。機器學習中給電腦分析的資料稱為「訓練資料」，而電腦運算分析的行為就是「學習」，最後找出來的特徵組合稱為「模型（或學習模型）」。

用「機器學習」學習圍棋的對局，電腦就能分析棋子的布局方式和棋局勝負的關係，找出「最有機率獲勝的特徵組合」，計算出「擁有贏棋特徵組的布局法」，然後按照此方法來落子。對局次數增加，累積的資料量愈多，電腦的「致勝布局」就愈準確，最終獲得連職業棋手也自嘆不如的能力。

而將機器學習用於汽車的自動駕駛，用安裝在汽車上的攝影機或雷達等感測器收集汽車周圍環境的資料、GPS的位置資料，分析它們跟駕駛行為的關係，就能找出「安全駕駛的特徵組合」、「舒適駕駛的特徵組合」或「事故可能性最高的特徵組合」，從而計算出「最能安全且舒適行駛的特徵組合」，讓機器按此方式控制汽車，汽車就能在沒有司機的情況下自動行駛。使用大量實驗車試跑，增加訓練資料，就能建立更精緻的模型，實現更安全、更舒適的自動駕駛。

此外，同樣的方法也能運用在「用攝影機判斷生產線上的產品是否為不良品」、「用攝影機判斷托盤上的麵包種類，自動替顧客計算要付多少錢」、「用可偵測農作物狀態的感測器預測收穫期」等情境。

換言之，機器學習的原理就是分析訓練資料，建立最能達到目的的模型，再以該模型為基準去比對目標資料，計算出結果。而這種根據「模型」導出最佳結果的運算處理俗稱「推論」。

學習與推論

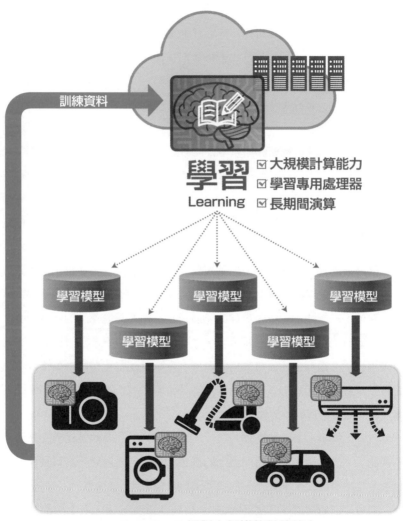

訓練資料

學習
Learning
☑ 大規模計算能力
☑ 學習專用處理器
☑ 長期間演算

學習模型
學習模型
學習模型
學習模型
學習模型

推論
Inference
☑ 相對小規模的計算能力
☑ 推論專用處理器
☑ 短時間演算

「**學**習」是指從訓練資料建立「模型」的計算處理。比如說，從「貓」、「狗」、「鳥」的圖片建立可表達三者特性的模型。另一方面，「推論」指的是將要比較的資料跟「模型」比對，導出結果的計算處理。比如從未知的照片中抽出身體形狀、眼睛位置、大小等特徵，再跟「模型」比對，若特徵跟貓的模型一致性較高，就輸出「這是貓」的結果。

模型捕捉到的事物特徵愈是細緻，推論的精準度就愈高。而要做出細緻的模型，就必須使用龐大的訓練資料進行訓練，因而需要高性能的處理器和大容量的儲存裝置。另一方面，「推論」只是抽出對象資料的特徵，再拿去比對模型，所以不需要像「學習」那樣的強大處理器和儲存空間。

「**學**習」和「推論」都可以使用一般電腦或伺服器的通用處理器完成，但近年很多業者選擇開發專門對這兩者最佳化的處理器。

在「學習」方面，目前大多使用原本為了影像處理而研發的GPU（Graphic Processing Unit），或大量組合專為「學習」最佳化的專用處理器而成的平行運算系統。現在也有專為此需求打造的雲端服務。而在「推論」方面，則有為了嵌入IoT機器而具備低耗電和高推論性能的專用處理器。

由於「學習」需要大規模的計算處理，所以一般會使用資料中心或雲端。在資料中心算完後，生成的「模型」會透過網路送到我們手邊的機器上，在地端進行「推論」，接著再把地端取得的資料傳回雲端重新學習進一步改善「模型」。這樣的模式正在逐漸普及。

比如，在監視攝影機中植入用來辨識人類的模型後，便可在家人等有預先註冊的特定人士，或者在陌生人進入家中時，自動傳送通知到手機上。同時，把攝影機判斷結果的正誤上傳到雲端，讓AI繼續學習，就能讓辨識能力愈來愈精準。只要輸入可辨識有包裹放在玄關或有朋友來訪等各種狀況的模型，機器就能分辨這些情境，自動傳送通知。

學習與推論的正確配置

學習

用大量資料
建立推論模型
（預測或分類等的規則）

推論

使用推論模型
根據現場資料預測或分類，
再進行判斷或辨識

- 大規模計算能力
- 專用處理器
- 長時間演算

- 對小規模的
  計算能力（較省電）
- 專用處理器
- 短時間演算

ABEJA、Microsoft、
Google、Facebook、
Amazon、
Preferred Network 等

適用全部在雲端
完成的服務

NVIDIA、Intel 等

學習
學習模型
推論

ARAYA、LeapMind、
iDEN 等

在雲端建立模型，再將模型傳送
到邊緣設備，即時根據現場資料
進行預測和辨識

學習
學習模型 → 學習模型
推論

AISing、HACURUS、
SOINN 等

重視即時性的運算盡可能在靠近
現場的地方處理更好。同時也能
應對機器的個體差異

學習
學習模型
推論

全雲端的應用程式，比如搜尋服務、社群媒體、網路商店等，通常學習和推論都在雲端完成。

另一方面，前一節介紹的監視攝影機這種運用，一般是在雲端進行學習，學習完後才把模型送到設備端，由設備進行推論，然後再把結果的資料回饋給雲端，提高模型的精準度。但遇到要求高速反應的情境時，不一定適用這種方法。

比如控制工廠的工作機械、操作汽車或無人機等情境，由於設備端沒有像雲端那樣充裕的系統資源，只能用有限的資源高速處理感測器取得的資料。同時，雲端和設備端間的「通訊延遲」會是一大瓶頸。假如處理速度不夠快，也有可能導致事故發生。

還有，工廠的機械存在個體差異，有時必須配合個別機器的微小動作差異快速預測變化，自動調整或控制。

遇到這類用途時，在設置於遠方資料中心的雲端上學習，然後再到設備端上推論的做法會來不及應對。因此，必須在設備本身或設備附近完成學習和推論，力求減少通訊造成的延遲，即時得到結果。

為了在設備端完成學習和推論，一般會使用低耗電且處理速度快的半導體設備（AI晶片），或使用處理速度慢的處理器搭配能針對特定用途快速進行學習和推論的軟體。

想要有效利用機器學習，就必須依據用途思考如何配置合適的學習和推論地點。

機器學習的學習方法

機器學習 Machine Learning		
監督式學習 Supervised Learning	**無監督學習** Unsupervised Learning	**強化學習** Reinforcement Learning
使用已標記好輸入和正解範例的訓練資料，抽出可重現此關係的特徵生成模型	使用沒有任何說明的訓練資料，從抽出的特徵類型中找出類似的群體，分別生成模型	對推論結果給予評價（獎勵），告訴AI自己期望什麼樣的結果，讓AI生成可完美重現該結果的模型

回歸分析 Regression	分類 Classification	集群分析 Clustering	降維 Dimensionality Reduction	老虎機演算法 Bandit Algorithm	Q 學習 Q Learning
決策樹、隨機森林、線性回歸等	VM、邏輯回歸、單純貝氏分類器等	K 平均法、K-Mode、DBSCAN等	主成分分析、特異度分析、隱含狄利克雷分布等		
營收預測 人口預測 需求預測 偵測違規 等	故障診斷 圖像分類 維持顧客 等	推薦 客戶細分 目標市場行銷 等		遊戲 廣告 自動駕駛 即時判斷 等	

機器學習依照學習方式基本上可分為「監督式學習」、「無監督學習」、「強化學習」3大類。

●監督式學習（Supervised Learning）

使用已標記好輸入和正解範例的訓練資料（有監督的資料），抽出可重現此關係的特徵生成模型。比如讓AI學習已標記有「狗」這個正確答案的圖片和標有「貓」的圖片，找出兩者的內在特徵組，生成可有效表現兩者差異的模型。

這種學習方式被用於故障診斷和圖像辨識等需要有效分辨事物的「分類」，以及預測利潤、偵測非法行為等根據數據找出趨勢（函數），預測未來數值的「回歸」。

●無監督學習（Unsupervised Learning）

使用沒有任何說明的訓練資料（無監督的資料），從抽出的特徵類型中找出類似的群體，分別生成模型。比如分別輸入「狗」和「貓」的圖片資料，但不標記正確答案，讓AI自己生成可有效解釋兩者特徵組差異的模型。

這種學習方式被用於從各種物體中找出類似者並加以分組的「集群分析」，以及將資料的壓縮或相互關係可視化的「降維」。

●強化學習（Reinforcement Learning）

對推論結果給予評價（獎勵），告訴AI自己期望什麼樣的結果，讓AI生成可完美重現該結果的模型。比如讓AI重複玩遊戲，若得分高就給予「＋」評價，得分低就給予「－」評價，使AI的得分愈來愈高。換言之，也就是讓AI生成一個可重現能拿到較多「＋」評價玩法的模型。

這種學習方式被用於「圍棋或象棋等遊戲」、「設計有效的廣告」、「實現安全的自動駕駛」上。

除上述方法外，科學家也提出了其他各種針對不同目的的學習方法和改良方法，正努力研究和開發提高學習效率與精準度的技術。

神經網路和深度學習

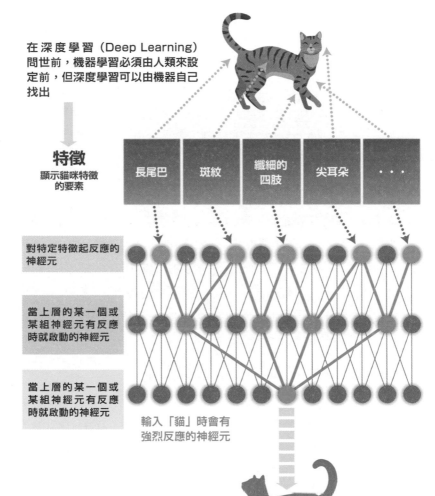

在深度學習（Deep Learning）問世前，機器學習必須由人類來設定前，但深度學習可以由機器自己找出

特徵
顯示貓咪特徵的要素

長尾巴

斑紋

纖細的四肢

尖耳朵

・・・

對特定特徵起反應的神經元

當上層的某一個或某組神經元有反應時就啟動的神經元

當上層的某一個或某組神經元有反應時就啟動的神經元

輸入「貓」時會有強烈反應的神經元

辨識貓

神經元相當於大腦的「神經細胞」而神經元組成的網路就是神經網路

目前機器學習最受注目的技術是「神經網路（Neural Network）」。顧名思義，神經網路就是「神經元」的「網路」，是一種用數學模型模仿人類大腦處理資訊的過程，放到電腦上執行的程式。

比如準備一張貓的圖片，先由人標記出長尾巴、斑紋、纖細的四肢、尖耳朵等人類用來辨識貓咪的著眼點。這個著眼點稱為「特徵」，程式會依照這個特徵，根據圖片生成會對特定特徵產生強烈反應的神經元。接著再生成當特定一個或多個神經元組合啟動時會有所反應的神經元。像這樣重複好幾層，最終生成會在輸入「貓」時產生強烈反應的神經元。

雖然所有的貓都具有相同的特徵，但貓也有很多不同種類。因此要輸入大量的貓的圖片，生成可對所有這些圖片產生強烈反應的神經元，再將這些神經元連結成一個網路，即「神經網路」。而創造這個「神經網路」的過程就是「學習」，完成的「神經網路」便是「模型」。而最終得到的特定一個或多個神經元組合就是「（貓的）神經網路＝（貓的）模型」。

輸入一張圖片讓AI跟這個「（貓的）模型」比對，若這張圖片是貓，模型就會產生強烈反應，辨識出這是一隻貓。這個過程就是「推論」。

除了貓之外，再準備狗、猴子、鳥、魚等模型，AI就能用這些模型來比對輸入的圖片，辨別並分類這些事物。

而「深度學習（Deep Learning）」是這種俗稱神經網路的機器學習方式的其中一種。但兩者有個很大的差異，那就是深度學習不需要人類來指定特徵，可以在處理資料的過程中自動找出最合適的特徵。因此它可以找出連人類也沒察覺到的更合適的特徵，大幅提高辨識精準度。

深度學習受到關注的理由

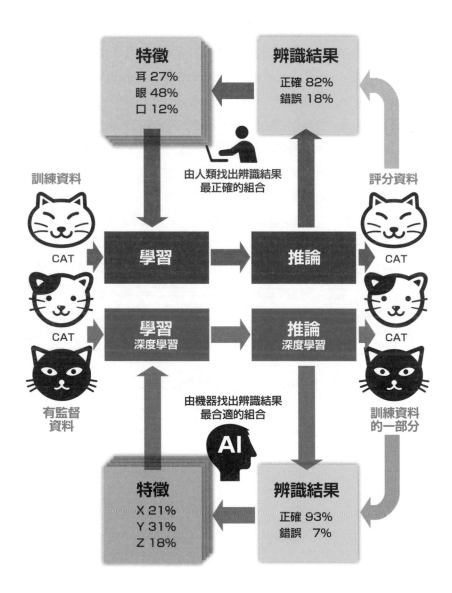

特徵
耳 27%
眼 48%
口 12%

辨識結果
正確 82%
錯誤 18%

由人類找出辨識結果
最正確的組合

訓練資料

CAT

評分資料

學習

推論

CAT

CAT

學習
深度學習

推論
深度學習

CAT

有監督
資料

由機器找出辨識結果
最合適的組合

AI

訓練資料
的一部分

特徵
X 21%
Y 31%
Z 18%

辨識結果
正確 93%
錯誤　7%

「不用人類監督也能自己找出所有事象的規律或關係，並分類整理。」

這正是被視為進化版神經網路的深度學習，成為鎂光燈焦點的理由。機器學習的目的是分析資料，找出隱藏在資料中的規律或關係等「特徵組合＝模型」。使用機器學習可以為事物分類，找出用以辨識或判斷事物的基準或規則。

傳統的神經網路是由人類來決定「找出規律或關係的著眼點」，即「特徵」，接著機器再根據這些特徵計算處理，把結果交給人類檢查（評分資料），再由人類調整特徵，使機器可以分類得更好。但深度學習不需要人類來做這件事。機器可以自己從資料中找出最合適的特徵，再根據評分結果自動調整最合適的值。

比如，想像有一個資深工匠正在打造一件作品。此時，我們觀看的重點會放在這名工匠使用工具的方法、力道、時機等肉眼可見的技巧上，並被這名工匠的精湛技術感動。然而，也許這名工匠能創造出色作品的真正原因，其實是其他肉眼看不出來的「某種因素」。而就算當而詢問這名工匠，他可能自己也不知道該怎麼解釋。

而深度學習可以從資料中找出那些「無法言說的特徵」。在機器人上搭載深度學習技術，說不定就能創造出擁有大師技藝的機器人。除了上述例子外，還諸如以下情境。

❖ 資深品管人員能發現菜鳥看不出來的不良品
❖ 保養技師能從機器的運轉數據中看出異常，在故障發生前預防
❖ 警察能憑多年的經驗和直覺預想犯罪發生的地點和時機

有很多事物的特徵雖然無法口頭說明，卻會對分類、辨識、判斷造成很大的影響。而深度學習能在無需人類監督的情況下，從資料中找出那些肉眼看不出或難以察覺的特徵，並自動最佳化它們，可說是一項革命性的技術。

深度學習的 2 個難題

深度學習的問題

需要大量訓練資料

無法解釋結果

☑ 收集資料很花時間,可能收集完後「要解決的事情」或「對象」已經改變

☑ 需要花費很多時間、人力、財力才能收集到足夠資料,成本效益不合 等

☑ 即使精準度很高,但有些情境下若「不知道為什麼會犯錯」就無法使用

☑ 就算知道下個月的營收會衰退20%,不知道原因的話還是無從解決 等

解決方法

提高訓練資料的精度

灌水增加學習資料

利用遷移學習

解決方法

使用可解釋的手法

不用於需要解釋結果的用途

深度學習有兩大難題，即需要「大量訓練資料」，以及「無法解釋為何會是這個結果」。

要提高深度學習的精度，就需要餵給AI「大量的訓練資料」，否則很難訓練出有用的模型。比如要訓練一個用於品質檢查，分辨不良品的學習模型，但要花1年的時間才能收集到訓練用的1萬張不良品圖片，如果1年後要檢查的產品或設備已經變得跟之前不一樣，就訓練不出學習模型。

解決此難題的方法有「使用高品質的訓練資料」、「灌水增加學習資料」、「利用遷移學習」。

所謂高品質的資料，指的是不使用連人類也很難判別的資料。因為用人類也會搞錯的資料訓練，做出來的模型精度不高。

而灌水增加資料，指的是在原本的訓練資料中加入一些變化來增加資料量。比如在訓練用的圖片中加入噪訊、降低亮度、降低明度、平滑化、變形等來增加訓練資料。

至於遷移學習，則是一種使用少量的訓練資料給已訓練完畢的推論模型學習，使該模型適應另一個不同領域的方法。比如，找一個已經學會蛋白質分類方法的推論模型，讓它學習敗血症患者血液中的蛋白質特徵，變成能辨識敗血症的模型。

此外，「結果無法解釋」也是一大難題。在深度學習中，就連系統的設計者也無法解釋為什麼系統會產生此結果。比如，在把不良品當成良品出貨這種會造成信用問題的情境中，就算辨識的精度再高，只要「無法解釋為什麼會判斷錯誤」的話就無法使用。還有，就算AI預測公司下個月的營收會衰減20%，但因為不知道理由，所以也無法研擬對策。

這項難題並非深度學習獨有，而是所有機器學習共通的問題。因為機器學習是基於機率來進行辨識和判斷，所以無論精度再怎麼高，也沒辦法做出絕對不犯錯的系統。而對於不論精度高低，只要無法解釋就不能用的情境，則可以改用更簡單的方法，比如線性模型或邏輯回歸、決策樹等手法。只有在理解了這些課題之後，才能熟練地運用機器學習。

AI、機器學習、神經網路、深度學習之間的關係

計算機科學
Computer Science

人工智慧
Artificial Intelligence

用機器人工復現人類的「智能」

基因演算法、專家系統、聲音辨識、圖像辨識、感性處理、機器學習、遊戲、自然語言處理、資訊檢索、推論、探索知識表現、資料挖掘、神經網路、人體學介面、智能規劃、多智能體系統、機器人

機器學習
Machine Learning

分析大量資料，找出
規律或法則／特徵組合的運算

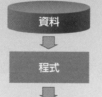

資料

程式

模型

神經網路
Neural Network

參考大腦運作方式創造的
機器學習方法

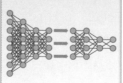

深度學習
Deep Learning

建立的模型精度比過去更高的神經網路方法

「人工智慧（AI）」的研究已有超過半世紀的歷史。這半世紀以上的旅途從解決迷宮、拼圖、西洋棋、象棋等遊戲（探索與推論）開始，後來又發明出把人類知識像字典或法規那樣註冊到電腦裡，讓電腦能像專家那樣回答問題的方法（基於規則的專家系統）。然而人類沒法把全世界的字典或規則都註冊到電腦上，而且科學家也發現這種方法在規則互相衝突時就沒辦法運行。因此這個方法雖然在少數領域取得了一定成果，但距離能廣泛應用的「人類『智能』」還很遙遠。

後來，能透過分析資料，找出可分類或辨別它們的規律或法則的「機器學習」方法問世。雖然「機器學習」的點子很久以前便存在，但因當時的電腦性能不夠強，故沒能取得成果。然而，得益於電腦性能的提升和新方法的研發，如今狀況已大不相同。同時，網際網路的普及也讓人們能用低成本收集到大量訓練資料，加速了相關研究。

同時，在科學家逐漸弄清人類大腦處理知識的原理後，計算機科學家參考了人腦的運作發明了俗稱「神經網路（Neural Network）」的「機器學習」方法，並逐漸受到關注。

這種新的「機器學習」必須先思考要著眼於哪個特徵來找出規律或法則，亦即必須由人類指定「應著眼的特徵及其組合」，再讓機器基於該特徵，從訓練資料中找出能夠有效分類或區別的合適值。然而，因為特徵是由人類設計／輸入的，所以這一步的好壞會大大左右結果。

而為此狀況帶來巨大變化的是「深度學習（Deep Learning）」。這個方法不是由人類來選擇特徵或特徵組合，而是機器根據資料自動生成，不依賴人類的能力，可以發現人類沒能注意到的更合適的特徵，大幅提高了結果的精度。這方法原本是為辨識圖片而開發的，但如今已不只用於圖像辨識，在聲音辨識、自然語言理解等領域上都發揮出了超越人類的性能，並被廣泛應用在圖像生成或聲音生成等用途上。

從「自動化」到「自主化」的發展

發明
組合已發現的事實，
創造出以前沒有
的創作物

發現
對照過去的事實，
發現新的事實

自主化
Autonomy

機器自己找出步驟和
判斷標準，在無需人力
介入的情況下執行

判斷
透過機器學習或認知機能
來應對未知狀況，
並自主判斷執行

最佳化
透過感測器或紀錄檔掌握狀況變化，
按照人類設定的基準找出最合適條件來執行

遵循人類設定的步驟或
基準，在無需人力介入
的情況下執行

自動化
Automation

規則
生產管理／銷售管理／工程管理等
連續的一系列作業

重複
薪資計算／展開物料清單等單一作業或例行工作

?

AGI
通用人
智慧

AI
人工智慧

一般的
程式

分歧規則
if~
then~
else~

「想做更少事」、「想提高效率」是人類的天性。工具的發展也是為了滿足人類欲望。AI想必也位於這條歷史的延長線上。

但是，若要在AI和傳統工具畫一條分隔線，那麼這條線或許就是「自主化（Autonomy）」。

過去人類也發明了讓工具遵循人類設定的步驟和基準，在無需人力介入的情況下自己做好事情的「自動化（Automation）」，並應用在各式各樣的情境。而自動化的發展階段可以整理如下。

❖ 重複的單一作業：薪資計算、展開物料清單等單一作業，即例行工作的自動化。機器只需重複相同作業，遵循單一的工作步驟

❖ 規則化的一系列作業：如生產管理、銷售管理、工程管理等連續的一系列作業，基於規則的作業自動化。機器可依照不同狀況的條件進行決策，在一定範圍內變化處理步驟

❖ 依據回饋最佳化：透過感測器或紀錄檔掌握狀況變化，按照人類設定的基準找出最合適條件來執行的自動化。若狀況在預想範圍內就按照規則處理，遇到例外狀況改由人類判斷

而跟自動化不同，AI的目標是使用經過訓練的模型，自己找出最佳的規則或判斷基準，在無需人力介入的情況下做好事情的「自主化」。具體的例子如下。

❖ 工廠的檢查工程、從X光照片找出癌症、機器的故障診斷等等，從多個特徵組合（模型）生成辨別或分類的基準和規則，並依照這個規則執行

❖ 如汽車自動駕駛那樣，自己根據周圍狀況下判斷後執行。順帶一提，中文雖然通常翻譯為「自動駕駛汽車」，但英文其實叫「Autonomous Vehicle（自主式載具）」

❖ 像工廠的機器人那樣，自己不斷嘗試犯錯，找出可達成被賦予目標的最佳步驟和技巧，一邊進行作業一邊改善做法

而AI也可以說是為了從自動化發展到自主化的手段。

人工智慧的適用領域

人類的參與

知識性工作的輔助
知識性能力的擴充

自主控制
掌握狀況自主判斷執行

自駕車／股票自動交易 等

推薦／判斷
分析資料找出最佳解，再進行推薦或判斷

輔助醫療診斷／商品推薦 等

發現知識
分析資料發現規律性或規則等知識

自我故障診斷或預知／發現新的製藥物質 等

用對話操作
用自然語言控制機器、使用服務

智慧助理／服務機器人 等

資訊的整理和提供
依據要求整理大量資料並找出有用資訊

回答問題／搜尋判例 等

知識性作業的
自主化

AI有「以人類參與為前提」的使用方法，跟「不以人類參與為前提」的使用方法。

例如，依照要求整理大量資訊並從中找出所需資訊的「資訊的整理和提供」，就屬於有人參與的使用方法。具體的例子有回答問題和搜尋判例，這些都已經投入應用。還有，使用日常語言控制、操作機器或是使用服務等「對話式控制」也屬於此類。比如Apple的Siri、Microsoft的Cortana、Amazon的Alexa等智慧助理，以及可以跟人類溝通的服務機器人等等。

另一個有賴人類跟AI合作取得成果的領域是「發現知識」。也就是分析資料，然後找出隱藏在其中的規律或關係。比如故障的診斷或預知，還有發現新的製藥物質等等。

而不需人類參與，活用機器自主性的使用方法，則有分析資料後由機器自己找出最佳解答的「推薦／判斷」。比如IBM Watson的「閱讀大量論文，然後分析病患的診斷或檢查資料，為病患提供癌症檢查與療法建議的服務」，以及各種網路商店上「只要回答自己的喜好或生活型態，就能為你推薦適合商品的服務」等，應用範圍很廣。

另外，AI也可以輔助人類的創作工作，像是可理解程式碼或註解的文脈，依照編寫者意圖即時提供編程建議的GitHub Copilot；可根據輸入的文章內容生成符合描述之會話的DALL‧E2；可用自然流暢的語言生成文章或對話的GPT-3等等。

除此之外，也有能自己掌握狀況，然後學習、自主判斷的「自主控制」類AI。這種AI已開始廣泛應用在汽車駕駛、股票交易、工廠的運作以及建築工地的工程等領域。

由此可知，AI在許多領域已逐漸實用化，實現跟過去完全不可同日而語的效率提升和成本削減。不僅如此，AI還能提高人類的知識性工作效率和水準，並用來發現新知與創作，這些都是過去做不到的。

無條件基本收入

無條件給予所有國民
一定基本收入的制度

維生收入
人們不再需要被迫工作
消除公司倒閉或失業的不安
完善的社會安全網

年金、育兒津貼、失業保險等
措施全部整合到 UBI 制度

增加勞動市場的靈活性
提升勞動力品質

消除主觀的領取資格審核
減少制度營運的成本

轉換產業結構更容易

消除不公平感

有助提高社會經濟的發展和穩定

隨著AI普及，產業結構發生急遽轉變，跟不上此變化的人們可能會被AI搶走工作。在此擔憂下，社會開始討論實施「無條件基本收入（Unconditional Basic Income，UBI）」。

所謂的UBI，是一種由政府發放現金給予每個人生活所需的最低所得的制度。不分年齡、收入、資產多寡、勤勞與否，所有國民都可無條件每個月獲得固定收入，因此又被稱為基礎收入保障、基本收入保障、最低生活保障、全民基本收入或「生存薪資」。

如果實施UBI，人們將不再需要被迫工作，也不用擔心公司倒閉或失業，可以放心安穩地生活。同時，各種生活保險和失業救濟金、年金、育兒津貼等制度全都可以整合進UBI，消除人為主觀的領取資格審核，有望消除社會的不公平感。如此一來，就算產業結構發生激烈轉換，也有望維持社會和經濟的發展與穩定。

至於財源部分，有人試算過將日本的年金、生活保護、勞工保險、育兒津貼以及各種課稅免除項目都換成UBI的話，1毛稅都不用增加每個月就能給付日本全部國民數萬日圓的UBI。同時，也有人認為可以增加「所得稅」、「消費稅」、「環境稅」、「遺產稅」等稅額來支應。

如上所述，UBI的財源基本上依賴政府的既有稅收，就算真的實施UBI，每個人還是有依收入納稅的義務。因此當收入增加後，超過UBI給付額的部分仍要繳稅。

相反地，也有人批評UBI可能會導致勞動意願降低，繼而造成整體社會的活力下降。關於這一點，雖然已有幾個社會實驗發現實驗者的勞動意願並未因此降低，但目前還沒有一致的結論。

然而歷史闡明了伴隨科技的發展，人類在勞動系統中的角色將會發生改變。考慮到人類和AI的角色洗牌可能追不上科技的急速變化，同時也為了讓產業結構的轉換更容易，或許未來無可避免地得實施UBI也說不定。

在新冠疫情期間發放給所有國民的補助金，雖然跟UBI原來的意義不同，但也許會成為點燃未來討論的契機。

能自主行駛的汽車

等級 5：自動駕駛

加速／轉向／制動全部由系統
控制，完全不用人類介入

事故責任

等級 4：自動駕駛

加速／轉向／制動全部由系統
控制，完全不用人類介入

＊但只限高速公路或特定區域

等級 3：自動駕駛

加速／轉向／制動全部由系統
控制，但駕駛人必須在系統
要求時接手

等級 2：輔助駕駛

加速／轉向／制動的
其中多項操作由系統控制

等級 1：輔助駕駛

加速／轉向／制動的
其中一項操作由系統控制

等級 0：無輔助

由人類駕駛完成
所有操作（加速／轉向／制動）

能 自主行駛的汽車（Autonomous Vehicle）已經開始上路。這種車會用搭載的感測器認識周圍環境，自己判斷路況行駛。在公路外的特定環境（礦場、建築現場、農地等），自駕車的需求早已搶先一步普及，有些建築機器和農業機器製造商已開始販賣相關產品。

自動駕駛依照由汽車自主控制的範圍分為5個等級。

【等級0】由人類駕駛完成所有操作（加速／轉向／制動）

【等級1】加速／轉向／制動的其中一項操作由系統控制

【等級2】加速／轉向／制動的其中多項操作由系統控制。駕駛人必須隨時留意駕駛情況，必要時接管操作

【等級3】系統可辨識高速公路等特定場所的交通狀況，完成所有跟駕駛相關的操作。但在緊急情況或系統運作有問題時，駕駛人必須回應系統的要求接管操作

【等級4】系統可辨識高速公路等特定場所的交通狀況，完成所有跟駕駛相關的操作。由於駕駛人完全不需要進行駕駛，所以汽車可以不用安裝煞車踏板和油門踏板

【等級5】完全自動駕駛。系統可不限場所和地區辨識所有交通狀況，完成所有跟駕駛相關的操作

等級1～2一般稱為「輔助駕駛」，等級3以上才稱為「自動駕駛（或自主駕駛）」，等級3以下的肇事責任由駕駛人承擔，等級4以上則歸咎於自動駕駛系統。這種汽車有望帶來以下好處。

❖ 多數交通事故是由駕駛人的失誤或疏失導致，交給機器能減少交通事故

❖ 汽車可以一邊確認彼此的速度一邊行駛，故可緩解塞車

❖ 因為減少勞動人口減少，運輸業正陷入人力短缺。自動駕駛可以填補這塊缺口，確保運輸能力，維持經濟規模

❖ 在人口密度低的地區，提供可代替公共交通工具的低成本交通手段

另一方面，自駕車普及後將不再需要針對駕駛人的汽車保險，長距離運輸時的休息站和旅館等需求也可能會減少。

用對話操作機器的
聊天機器人

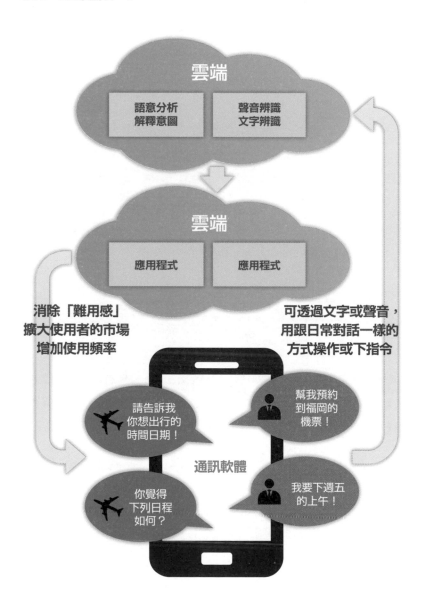

「幫我預約下週五上午羽田到福岡的機票。可以的話最好選平常那家航空公司的班機。」

「請問以下航班如何呢？【顯示航班清單】」

「那幫我預約XXX123那班。」

「已預約完成。」

上面這段互動不是你跟祕書的交談，而是跟手機上的通訊軟體的對話。現在各種網路都開始引進能使用大家熟悉的「文字訊息」app，直接跟能用日常對話溝通的「聊天機器人（Chatbot）」服務。除此之外，聊天機器人還有以下用途。

❖ 確認銀行存款或轉帳匯款

❖ 確認行程表和發送預約郵件

❖ 確認天氣預報　等

過去由人類扮演中介者，透過對話確認對方意圖後再處理的作業，如今已可用聊天機器人代勞。

而且不只是文字，現在也有結合語音辨識和語音合成技術，能用語音通話完成相同任務的服務。

目前，這類服務幾乎都是使用預先備好大量的「回應詢問或指示的文句」，讓聊天機器人取用來模仿自然的對話。因此，聊天機器人並不能理解對話內容，只是根據對話對象的背景和一般常識來做到「近似人類的智能處理」。儘管如此，讓機器和人類透過「類似人類的自然對話」互動的機制依然很有實用性，正逐漸擴大應用在客服、接待、照會等用途上。

與此同時，為了實現更自然的對話，有些新的聊天機器人也開始使用能理解文脈後應答的技術。比如，現在由rinna株式會社在日本Line平台上經營的「Rinna」，就是參考了日本女高中生的興趣、喜好以及常用詞彙製作的聊天機器人，靠著「彷彿在跟真正的女高中生聊天般」的體驗擄獲了大量使用者。今後，相信聊天機器人將在這類基礎的基礎上繼續進化，變得能進行更自然的對話。

智慧音箱

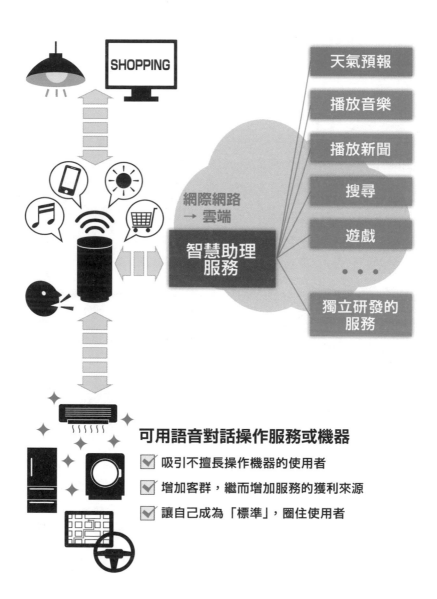

SHOPPING

天氣預報

播放音樂

播放新聞

搜尋

遊戲

獨立研發的
服務

網際網路
→ 雲端

智慧助理
服務

可用語音對話操作服務或機器

☑ 吸引不擅長操作機器的使用者

☑ 增加客群，繼而增加服務的獲利來源

☑ 讓自己成為「標準」，圈住使用者

「**智**慧音箱」或「AI音箱」，是一種可透過語音使用網路服務或操控家電機器的音箱。

智慧音箱除了能使用新聞、天氣預報、串流音樂、網路搜尋、購物、玩遊戲等連網服務外，也能用語音控制跟音箱系統相容的智慧燈具、冷氣、音響、電視等家電。最近更拓展商業用途，推出能跟線上會議連線，呼叫會議對象、自動錄音製作會議紀錄等功能。

智慧音箱接收到的語音，會經由Wi-Fi、Bluetooth等無線傳輸到網路，並用產品廠商的智慧助理服務辨識聲音後，執行要求的內容。

在2014年Amazon發表「Amazon Echo」後，Google和Apple也緊隨在後，相繼推出了「Google Home」和「HomePod」等智慧音箱產品。這些產品都搭配了各廠商自家的智慧助理，比如Amazon有「Alexa」，Google有「Google Assistance」，Apple則有「Siri」，而且有些智慧助理除了自家的智慧音箱外，也能在他廠的智慧音箱、智慧家電、汽車等產品上使用，藉此圈住使用者。

智慧音箱的價值，在於它可以透過自然的語音對話使用、操作數位服務和機器。如此一來，使用者就不用去學習或記憶每種機器的操作介面或方式。透過這種便利性，產品可以輕易圈住使用者，並讓過去那些因為不擅長操作機器而對科技產品敬而遠之的人們也能輕鬆使用，擴大使用者市場。

同時，只要在這個領域取得夠大的市佔率，就能讓自家成為網路服務入口或語音互動的標準規格，不僅能擴大自家公司的生意，還能建立極有利市場地位，所以各家公司都在競相充實自己的產品線和功能。

當初，智慧音箱是以專用機器的型態進入普通人的家庭，但現在則是逐漸融入家電產品和汽車上，進一步擴大客群。

AI 雲端服務

應用程式 解決方案	學習基礎	辨識服務	知識庫 訓練資料
客服中心的 顧客應對	圖像分析 影像辨識		文獻資料
營業輔助 提案輔助	語音辨識 說話者辨識		內部業務 資料
醫療 診斷輔助	理解言語 文章分析	深度學習框架 學習處理執行基礎	概念體系 辭典
新藥 研發輔助	機器翻譯		聲音資料 語言資料
	知識表現		圖片資料 影片資料
其他	搜索		其他
	其他		

AI 平台

很多企業都對AI感興趣，但要引進AI必須先確保擁有專門技術的人才或架設系統，很難全部靠企業自己的力量完成。因此「AI雲端服務」才備受期待。

使用AI雲端服務，就可以自己架設AI用的系統，還不用扛起運維管理的重擔。同時，更能第一時間引進仍在發展途中的各種最新AI技術。除此之外，即使沒有頂尖的編程技術，也能使用雲端供應商事先準備好，可直接呼叫各種功能的API（Application Programming Interface），讓自家公司能把人才和經費等資源全部投注在自家獨有的業務邏輯層，而不是浪費在準備工作上。

AI雲端服務提供了圖像分析、臉部辨識、感情辨識、意圖解釋、文字翻譯、即時語音翻譯等各種功能，且都能透過API直接取用。同時，這些服務也有提供客服中心的顧客應對、營業活動的提案輔助、醫療診斷輔助等等針對特定業務訓練好的推論模型，企業只需透過遷移學習增加少許的訓練資料，就能製作出適合自家業務的模型。

比如，Amazon SageMaker的服務就提供了由資料科學家和系統開發者建構的機器學習模型，並幫助企業訓練和將模型移植到自家的業務系統中。通常，建構一套機器學習系統需要管理龐大的訓練資料、選擇合適的演算法、管理學習用的電腦算力，對專業技術有很高的要求；而在雲端服務上，這些工作都由供應商代勞，讓使用者能以很低的門檻使用AI。

在各家廠商的競爭下，這類AI雲端服務的功能愈來愈豐富，使用門檻也不斷下降。不過，AI到底要用來解決什麼問題、如何解釋和活用運算的結果，仍需使用者自己動腦思考。雖然AI這種工具的使用難度降低了，但如何善用它仍是使用者的責任。而要做到這點，就不能缺少擁有專業技能的資料科學家。

" AI 時代需要的人類能力

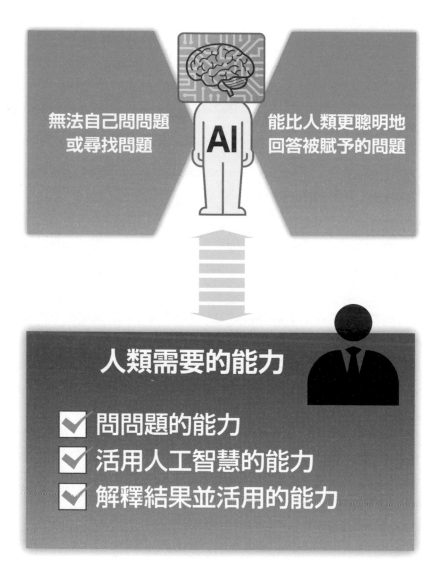

無法自己問問題
或尋找問題

AI

能比人類更聰明地
回答被賦予的問題

人類需要的能力

☑ 問問題的能力
☑ 活用人工智慧的能力
☑ 解釋結果並活用的能力

現代人若午餐想要吃咖哩，通常會打開Google輸入以下關鍵字。
「附近好吃的咖哩」

點擊輸入後，畫面上立即就會顯示一排「賣咖哩的店」，然後我們會再根據這些店的評價和價位，決定等等要吃哪一間。

那假如我們改問Google下面這樣的問題，Google又會怎麼回答呢？

「請告訴我該問什麼問題」

試著實際輸入後，Google跳出了有關求職面試技巧的搜尋結果。Google並沒有嘗試了解這個問題背後的意圖或意義，只是單純把這句話中的詞彙當成關鍵字搜尋了網頁。

而AI能做到的事情就跟這很像。如果你有什麼想知道、想解決的問題，AI可以告訴你確切的答案，卻沒辦法解讀你想知道或解決什麼問題，然後回答你。這或許就是AI的極限。

AI雖然不會問問題或尋找問題，但AI正變得愈來愈能用比人類更聰明的方式回答被賦予的問題。比如，如果你問AI「請根據這張X光片判斷有沒有癌症」，現在的AI已經能比人類更精準、更快速地識別出癌症。除此之外，像是尋找司法判例、識別故障原因、駕車前往指定目的地等從前只有人類才能做到的任務，現在AI也都能做到，而且今後還能做到愈來愈多事。

在這樣的時代，人類需要的能力是問問題和尋找問題的能力、活用AI的能力以及解釋並活用結果的能力。

未來等AI更加進化後，說不定連這些事情也將難不倒它們。但至少目前還不需要擔心這件事。因為上述這些人類認知能力的原理，連人類自己都還搞不清楚。既然不知道原理，也就沒辦法用程式實作。因此，也沒辦法讓AI擁有這些能力。

我們人類應該強化問問題和尋找問題的能力，把找答案的任務交給機器。至少在目前，人類和AI正逐漸建立這樣的關係。

❝❝ AI 的必要性

| 少子高齡化 |
| 低勞動生產力 |
| 國際化競爭激化 |

人工智慧
＋
機器人

智慧機器

☑ 用較少的勞動人口維持社會和經濟基礎

☑ 用不犧牲工作與生活平衡和打壓薪資的方式維持國際競爭力

☑ 透過高附加價值和差異化提升產業競爭力

☑ 解決低人口密度地區的醫療、福利、生活補助等社會課題

☑ 改善勞動環境並提升生活品質　等

「人工智慧（AI）可能搶走人類工作」的疑慮正在增加。然而，過去的人類也曾發明工具，並不斷改良工具，將自己從各種原本依賴人力的勞動中解放。換個角度來看，這也算是工作被機器搶走。但與此同時，空出來的人力又被賦予了新的機會和角色，為世界創造出過去沒有的新價值。比如：

❖ 從用鋤頭和人手耕田，改為用家畜耕田，大幅提高了農耕效率。透過這種改革，人類得以實現更大規模、更有效率的農業，使人口增加、經濟成長，充實了社會基礎

❖ 從用馬車運輸改為鐵路，使人類能在短時間內將大量貨物輸送到遠方，產業因此得以發展。且鐵路和海運結合後，促進了全球範圍的產業發展

❖ 電鍋、洗衣機、冰箱等家電的普及，讓主婦從家事中解放，促進了女性的就業

而AI也同樣位於工具進化與人類關係的延長線上。換句話說，把AI當成解決各種問題的工具，並積極地應用，可說是非常健康的用法。

觀察日本，會發現日本正面臨「少子高齡化」、「低勞動生產力」、「國際化競爭激化」等社會挑戰。

●少子高齡化

日本人口在2010年達到1億2,086萬人的頂峰，預估將在2030年下降到1億1,662萬人，然後在2048年跌破1億人，降至9,913萬人，並在2060年進一步下降到8,674萬人。

同時，勞動人口（15～64歲的人口）比例也從2010年的63.8%持續減少，在2017年跌破60%後，預估到了2060年將只剩下50.9%；相反地高齡人口（65歲以上的人口）預估將從2010年的2,948萬人上升到2042年的3,878萬人頂峰，然後才開始減少，在2060年下降至3,464萬人。

因此，高齡化比率（高齡人口佔總人口的比例）也從2010年的

23.0%，到2013年突破25.1%大關，變成每4人就有1人是老人；且50年後的2060年更將來到39.9%，即每2.5人就有1人是65歲以上的老人。這意味著勞動力將減少，難以繼續維持經濟和社會福利。

●低勞動生產力

根據日本生產性本部公布的「勞動生產力國際比較2021」報告，2020年時日本每單位時間的勞動生產力是49.5美元，在OECD的38個加盟國中排名第23，而平均每名就業者的勞動生產力是78,655美元，在OECD 38個加盟國排名28。

1.日本的每單位時間勞動生產力為49.5美元。在38個OECD加盟國中排第23名

2020年日本每單位時間勞動生產力（每工作1小時產生的附加價值）是49.5美元，相當於美國的6成（80.5美元），在OECD 38個加盟國中排第23名（2019年是21名）。

2.日本平均每人的勞動生產力是78,655美元。在38個OECD加盟國中排第28名

2020年日本平均每1人的勞動生產力（每個就業者產生的附加價值）是78,655美元，跟波蘭（79,418美元）、愛沙尼亞（76,882美元）等東歐與波羅的海國家相當，但比西歐國家中勞動生產力相對較低的英國（94,763美元）和西班牙（94,552美元）還低。在OECD 38個加盟國中只有28名（2019年是26名），是自1970年以來最差的成績。

3.日本製造業的勞動生產力是95,852美元。在OECD的31個主要加盟國中排第18名

2019年日本製造業的勞動生產力水準（每個就業者產生的附加價值）是95,852美元，相當於美國的65%，比德國（99,007美元）略低，在加盟OECD的31個主要國家中排名第18（跟2018年相同）。

不論勞動力有沒有減少，若未來勞動生產力還是這麼低的話，日本的社會基礎將無法維持。如果什麼都不做的話將會變成很大的問題。

●國際競爭激化

由於新興國家的快速發展和最新科技帶來的產業革命，日本正面臨前所未有的國際競爭環境。

同時，雖然過去日本人常說的「六重苦」（日圓升值、沉重法人稅和社會保險費、經濟協議步調緩慢、欠缺靈活性的勞動市場、不合理的環保規定、電力供應不足、居高不下的生產成本）正漸漸得到解決，但除此之外還有很多問題。而日本必須在這樣的狀況下建立國際競爭力。

而AI有望成為解決這些社會課題的有效手段。

❖ 用較少的勞動人口維持社會和經濟基礎
❖ 用不犧牲工作與生活平衡和打壓薪資的方式維持國際競爭力
❖ 透過高附加價值和差異化提升產業競爭力
❖ 解決低人口密度地區的醫療、福利、生活補助等社會課題
❖ 改善勞動環境並提升生活品質　等

當然，光靠AI沒辦法解決一個國家所有的社會問題，但毫無疑問能成為巨大的助力。

我們不應把AI當成搶走人類工作的「威脅」，而應當成解決社會問題的「手段」，利用AI積極地改變人類的工作方式和角色，引出AI的價值。

「要解決什麼問題」這件事只能由人類決定。而AI只是用來回答人類決定好的問題，並迅速、精準為人類提供解決選項的手段。這個關係到未來也不會改變。

在這樣的時代，我們人類將需要比過往更強洞察力和想像力，更懂得問問題並找出問題的所在。

資料科學

商業能力
熟悉事業和經營

分析能力
根據資料
找出問題和
建立假說

經營與事業
的
課題和戰略

建立收集資料
的機制，並
管理和加工

資訊系統

在社會逐漸數位化的現在，人類社會產生的資料只會愈來愈多。而從這些資料中找出「價值」，就是資料科學的目的。

　　這裡所說的「價值」指的是以下這些例子。

❖ 根據手機的使用資料，將各地區和時間段的壅擠狀況視覺化，呼籲民眾注意防範傳染病
❖ 根據汽車的行駛資料預測各地點或時間段的塞車狀況，用導航系統引導駕駛人避開塞車
❖ 用線上學習服務掌握每名學生的學習進度和各階段的得分，找出容易陷入瓶頸的問題，為每個學生提供最適合的課程或建議
❖ 根據收銀機的營收資料找出每位顧客的消費偏好，用手機app提供折價券或打折資訊，吸引消費
❖ 綜合分析氣象觀測資料和天氣預報app使用者的即時天氣回報，預測集中豪雨等局域性的激烈天氣

資料科學重視的不是分析資料後能「知道」什麼，而是能利用分析取得的資訊來「做」什麼。為此，必須同時具備熟悉企業經營和事業的「商業能力」；建立收集資料的機制，並管理、加工資料的「資訊系統」；以及根據資料找出問題和建立假說的「分析能力」。具體而言，資料科學需要以下的知識或技能。

❖ 分析數據資料用的統計學和數學
　　・分析資料用的編程、資料庫、機器學習等資訊科學
❖ 將結果轉換成簡單易懂的圖表的設計資訊學
　　・能理解商業課題，並找出有哪些問題需要解決的經營學
❖ 與要解決之課題相關的業務知識　等等

而將資料科學活用在商業界或社會上的專家就是「資料科學家」。在資料的重要性前所未有地得到認可的今天，如何培育或找到資料科學家，正成為維持企業經營的重要課題。

「資訊」的 3 個分類：
Data、Information、Intelligence

判斷／決定

資訊

Decision

基於Intelligence顯示的評價進行判斷和決策

Intelligence 價值

研究Information的內在規則或法則等關係後，賦予評價之物

分析／研究

Information 整理

按目的為Data賦予基準並分類／結構化後，整理成更容易報告或檢討的型態

抽出／轉換

Data 素材

010110
100101
010110
100101

從各種資料源生成的數字和符號等

資料源

日語的「情報」一詞，可以用來指英文的Data、Information或Intelligence。這3種意義的差異可整理如下。

❖ Data：即數字或符號，又或是它們的集群。業務系統或網站、社群媒體上的互動、執行紀錄（log）等的數字或符號表現形式。通常光看Data無法理解意義

❖ Information：按某種基準為Data賦予結構或系統整理而成的東西。比如「各店面的產品銷量一覽表」、「產品A的製造良率變化」等。一般會用表格或圖等容易理解的方式呈現

❖ Intelligence：取捨和挑選被給予的Information，分析其內容並給予價值判斷之物。比如從「各店面的產品銷量一覽表（＝Information）」來看，分店A的商品X銷量在6月份大幅減少。其原因可能是競爭對手在6月舉辦了針對商品X的地區限定促銷活動。而競爭對手可能會參考這次活動的成功，在全國進行相同的促銷活動。因此我方應該先下手為強，推出同類促銷對抗——諸如此類的分析決策

美國有一個名叫CIA的政府組織，正式名稱是Central Intelligence Agency。這個組織的任務是收集全世界的政治、經濟、軍事等Data，將它們加工成Information，分析、評估它們的對國家政策的影響程度，再加上專家解釋整理成Intelligence，然後報告給總統或政策制定者。最後總統或政策制定者會根據這個Intelligence進行決策（Decision）。

如今Web、行動裝置、IoT等設備產生的Data，都能用很低的成本即時收集。電腦可以統計、整理Data，將它們轉換成人類易於理解的形式（表格或圖等），變成Information。然後再比對Information和機器學習建立的模型，加工成Intelligence，提供人類決策時的選項，或是自己下判斷，對機器或系統下達指示或命令。

資料科學家

以資料科學能力、資料工程學能力爲基礎，
用資料創造價值，
爲商業課題找出答案的專家

在理解課題背景後，
整理並解決商業課題的能力

商業力
(business problem solving)

資料科學
(data science)

資料工程學
(data engineering)

熟悉且可運用資訊處理、
人工智慧、統計學等
資訊科學類智慧的能力

能以有意義的形式
使用資料科學，
並實作、活用的能力

參考：日本資料科學家協會新聞稿（2014 年 12 月 10 日）http://www.datascientist.or.jp/files/news/2014/pdf/1210.pdf

「**資**料科學家」就是「能用資料創造新價值的人才」。根據日本資料科學家協會的定義,則是「以資料科學能力、資料工程學能力為基礎,用資料創造價值,為商業課題找出答案的專家」。

網際網路的普及使資料流通量有了爆發性成長。這種龐大、形式多元、且急速增加的資料,在2010年前後開始被人們稱為「大數據」。隨著要處理的資料量急劇增加且變得多元,活用資料的技術也應運而生,比如AI和「機器學習」便是其中之一。

AI在特定的知識領域開始超越人類,這點我們前面已經講解過很多次,但另一方面,如何使用資料改變社會和商業、如何從中找出有用的價值,也就是「問問題」這件事,只有人類才能做到。AI只是解決問題的一種手段。

而這點正是資料科學家的存在價值。跟第一線人員一起問問題,再從資料中找出解決問題的答案,然後提出對事業有幫助的提案——市場對這種人才的需求愈來愈高。

換言之,資料科學家是一份志在解決社會和企業問題的工作,這點跟專門收集和分析資料的「資料分析師」有很大的不同。

資料科學家的業務,包含跟事業第一線人員分享事業目的、定義課題、設定假說、收集與加工資料、探索資料、制定策略、建構模型、推動評價和改善的循環。在過去,這些工作普遍由營業企劃部門或外部的顧問負責,但現在人們普遍意識到活用大數據對於創造經營和事業戰略價值的重要性,因此很多企業開始在內部部署資料科學家,改由資料科學家扮演這個角色。

而要成為資料科學家,則需要磨練前一節介紹的「資料科學」必備知識與技能。而資料科學家的職責,便是在業務的前線運用這份能力為事業的成果做出貢獻。

資料應用的實踐流程

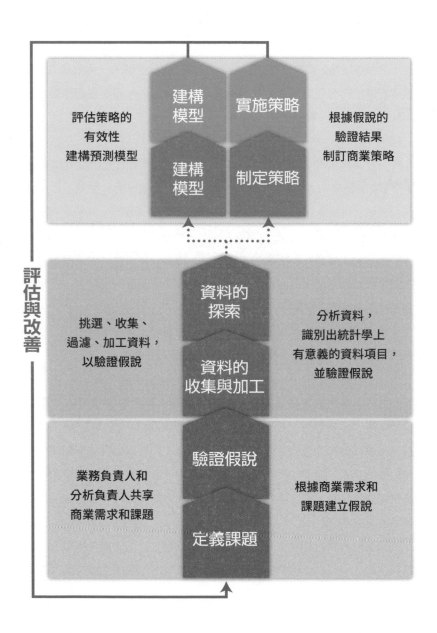

評估策略的
有效性
建構預測模型

建構
模型

實施策略

根據假說的
驗證結果
制訂商業策略

建構
模型

制定策略

評估與改善

挑選、收集、
過濾、加工資料，
以驗證假說

資料的
探索

分析資料，
識別出統計學上
有意義的資料項目，
並驗證假說

資料的
收集與加工

業務負責人和
分析負責人共享
商業需求和課題

驗證假說

根據商業需求和
課題建立假說

定義課題

這裡我們以解決汽車損壞險的潛在問題為例，具體講解資料科學家分析資料的步驟。

❖ **定義課題**：為滿足「減少支付給運輸業者的交通事故理賠金額」這個商業需求，設定「減少交通事故發生頻率」這個課題

❖ **建立假說**：建立「找出事故發生原因，落實安全駕駛，即可解決課題」的假說，同時用事故的發生頻率當作評估安全駕駛的標準，並假定事故發生頻率跟急加速／急減速的次數，以及這個「急」的強度有關

❖ **收集與加工資料**：在簽約企業的車輛上安裝偵測車輛運動的感測器，收集資料司機的駕駛習慣是小心還是粗魯、是否有好好休息等資料，並檢視這些資料跟駕駛員的性別、駕駛時間帶、駕車時長之間的關聯，排除認為無關聯的資料和噪訊，加工成容易利用的資料形式

❖ **探索資料**：使用統計和機器學習等分析工具檢驗假說的有效性，找出在統計上有意義的資料，證明事故的發生頻率跟急加速／急減速的次數以及「急」的強度存在相關性

❖ **制定策略**：開發可驗證急加速／急減速次數和「急」強度的車載感測器，安裝在簽約車輛上，使用在探索資料時發現的機率值計算「安全駕駛分數」，然後降低高安全得分駕駛的保險費率，鼓勵運輸業者採用安全駕駛

❖ **建構模型**：根據在探索資料時找到的高相關資料項目和機率分布計算「安全駕駛分數」

❖ **評估與改善**：根據資料評估策略的實施成果和「安全駕駛分數」模型的有效性，進行循環式的改善工作

資料科學家的職責不是追求漂亮的分析結果，而是「為事業成果做出貢獻」。為此，資料科學家必須同時具有「商業的視角：看見商業課題，並建立假說展開研究，找出解決策略」和「資料的視角：從資料探究原因，取得洞見，找出商業策略」。

在數位化的社會，資料將左右企業經營與事業的戰略，重要性前所未有地逐漸增加。而資料科學家將是接下來的時代不可或缺的要角。

第 9 章

開發與應用的
壓倒性速度化

商業環境的不確定性與日俱增。應對此狀況的唯一辦法，就是讓組織獲得壓倒性速度，能夠靈敏地因應變化。而恰如本書前幾章介紹的，所謂的數位轉型，便是透過改變商業模式和商業流程，以及其背後的企業文化和風氣，來讓自家成為一間能靈敏應對變化的企業。

而要實踐數位轉型，系統的開發和運維也必須以壓倒性速度進行。然而，現在不少企業組織依然嚴守著下列的做法。

❖ 花費大量時間去定義業務需求、確定規格

❖ 用工時和報價來挑選投標廠商

❖ 嚴格限制規格，依照規格表寫程式碼和測試

❖ 產品開發1年後才開放使用，並討論哪裡要修改、要增加什麼功能

❖ 特別安排修改、增加或變更功能的開發工作

❖ 配合應用程式來架構、調整基礎設施或執行環境

❖ 產品充分測試後才開放使用

在社會變化還很緩慢的時代，這麼做勉強還跟得上；但在社會環境瞬息萬變的現在，這種做法已經不適用了。

「依照第一線的需求及變化，用『Just in time』的方式提供IT服務，為事業成果做出貢獻。」

使用者需要的，是能為事業做出成果的「IT服務」。「IT系統」只是實現這需求的手段。而為了實現這一點，下面的3種機制或措施正成為鎂光燈的焦點。

●敏捷開發：實現高品質、無浪費，且可即時回應變更需求的軟體開發哲學

讓使用者和系統開發團隊透過對話分享想法，比如開發者想透過此服務取得何種成果、打算如何實現、實作的優先順序以及使用者覺得產品好不好用等等，再透過不斷地打磨和改良消除無用部分，快速開發出高品質

系統的軟體開發哲學與方法。

●DevOps：立即將開發、修改完的應用程式轉移到正式環境

一個程式就算順利開發完成，也無法保證一定能在正式環境中穩定運行。而DevOps便是讓開發團隊（Development）和運維團隊（Operations）互相協調，不一刀切開開發和運維工作，可以一邊營運，一邊持續且高頻率地將新版本轉移到正式環境的機制。

●雲端：讓開發者將資源專注在直接左右事業成果的應用程式

對於電子郵件、行程管理、檔案管理、線上會議等等，這種不需要每個企業都自己弄一套系統的應用程式，直接選用現成的服務可以省下很多工夫。即使必須自己開發專用的應用程式，背後的伺服器和儲存設備等基礎設施、資料庫和作業系統等平台，也同樣沒必要自己開發專有的系統。既然如此不如放棄自己架構或運維，直接使用現成服務，可以省下大量人力和時間。而雲端便是實現這點的手段。

使用者追求的是「盡可能不動手地做出一套IT服務」。而敏捷開發、DevOps、雲端就是實現這個願望的有效手段。除了這三者外，容器、微服務、無伺服器運算等技術，也能大幅提升開發和運維的速度。

而本章，我們將介紹上述這些次世代的開發和運維型態。

盡可能不動手地做出 IT 服務

汽車的叫車服務

| 地圖資訊 | 車與人的配對 | 結帳付款 |
| ID 認證 | 安全性 | 損害保險 |

微服務、API

雲端服務

比如，讓我們以新建立一個「汽車叫車服務」為例。在過去，此時大部分的功能都必須自己開發，但現在已經不是那樣的時代。只要使用智慧型手機內建的GPS功能和雲端的圖資服務，就能輕鬆為司機標示乘客的所在地點，並讓乘客在地圖上看見目前可以派給的車輛位置。

支付也同樣可以使用雲端提供的支付服務，不需額外作業就能立即使用信用卡支付、二維碼支付、銀行轉帳等各種支付管道。而且諸如保護交易安全的ID驗證、安全性功能、車輛的損害保險手續等等，雲端服務商也都有提供。

而且這類「現成的功能」的來源不只有雲端，也可以選用OSS（Open Source Software：開放無償使用的開源軟體）。開源軟體有不少都採用了最新的技術，且經常更新維持在最新狀態。只要使用這些資源，我們新建立的「叫車服務」也能直接用上最新技術，把開發資源集中放在自家服務獨有的部分上。

如果直接組合既有的服務，那麼一個「叫車服務」所需的大半功能都完全不需要開發。但是，這些服務仍必須依照自己的事業目的謹慎挑選，找出最合適的組合。

另外，為了跟競爭對手的產品做出差異，還必須讓這些功能以簡便易用的方式串連起來。此外，這個產品也需要具備能瞬間判斷使用者喜好，為使用者推薦最適合車輛的功能，以及盡可能縮短叫車等待時間等其他競爭對手沒有的功能。因此在開發時還需要加入自己獨有的知識和經驗。

盡量使用現成的功能，然後自己開發需要獨特性的功能。在這個時代，只要組合這兩者就能打造出一套「叫車服務」。

用盡可能不寫程式，不花力氣建構和運維系統的方法去創造一個能實現事業目的的IT服務，才是這個時代的王道。

不開發的技術

心理安全性與自律的團隊

敏捷開發 Agile Development
實現高品質、無浪費,且可即時回應變更需求的軟體開發哲學

- ☑ 只寫對商業成果有貢獻的程式碼
- ☑ 靈活、迅速地應對變更
- ☑ 提供零錯誤的程式碼

- ❖ 設計思考
- ❖ 極限編程
- ❖ Scrum 等

DevOps Development & Operation
兼顧穩定性和速度的交付方式

- ☑ 維持運維的穩定
- ☑ 迅速轉移到正式環境
- ☑ 快速改良

- ❖ CI(持續整合)/ CD(持續交付)
- ❖ 容器
- ❖ 微服務

雲端 Cloud Computing
隨時取得最新功能,從系統建構和運維工作解放

- ☑ 取得最新的功能或資源
- ☑ 透過租用提高不確定性的承受力
- ☑ 從系統的建構、運維以及安全策略解放

- ❖ 無伺服器運算/FaaS
- ❖ PaaS / SaaS 與 API
- ❖ 儲存庫服務 (repository service)等

零信任網路

以下3種措施作為盡可能不寫程式就做出IT服務的手段，近年備受大眾關注。

● 敏捷開發：實現高品質、無浪費，且可即時回應變更需求的軟體開發哲學

敏捷開發誕生的契機，源自經營學家野中郁次郎和竹內弘高1986年時在哈佛商業評論雜誌上刊登的一篇論文，內容是對日本製造業高效率和品質的研究。傑夫・薩瑟蘭（Jeff Sutherland）在讀到這篇論文後，認為這套方法可套用在系統開發上，在1990年代中期整理出了敏捷開發的方法論。

敏捷開發的根本精神，是重視現場的思維方式。換言之，薩瑟蘭認為處於業務現場的使用者跟處於開發現場的開發團隊，應該就必須達成的商業成果、實現途徑、優先順序以及使用感受進行對話，只開發對商業成果有貢獻、真正會用到的程式碼，實現迅速、高品質的開發。同時，開發者還應該不斷打磨和改良產品，去除無用的部分，並立即回應變更的請求，透過持續改進努力提高生產力。這種開發哲學及其實現手法，就叫「敏捷開發」。可以說這種方法融入了日本傳統製造業「透過不斷改善兼顧品質和生產效率」的精神。

● DevOps：立即將開發、修改完的應用程式轉移到正式環境

即使開發團隊能快速開發或變更應用程式，如果不推送到正式環境中，第一線的使用者就無法享受到這個成果。但另一方面，運維團隊必須確保系統運作的穩定性。假如新版本剛開發好便馬上轉移到正式環境，萬一程式碼有臭蟲的話就會引起嚴重後果。所以，通常運維團隊會先小心測試新程式碼能否在伺服器、網路、作業系統等正式環境上正確運行，確定沒問題後才正式推送。然而，這一系列的作業非常費時費力。

因此必須建立一套機制，讓開發團隊和運維團隊互相協調，或是積極引進可自動完成運維和正式推送的機制，讓開發和運維能連續不間斷地完成，在不用中斷營運的情況下高頻率地持續交付。而「DevOps」就是用

來實現此目標的措施。

● 雲端：讓開發者將資源專注在直接左右事業成果的應用程式

要實現DevOps，基礎設施的資源部署和變更也必須能靈活、迅速地完成。而要做到這點，就不可能逐一替每個應用程式採購、設定伺服器或儲存裝置等物理資源。因此基礎設施只能使用SDI（Software-Defined Infrastructure）或雲端服務的IaaS。

但就算用了IaaS，在開發應用程式時也還是要留意基礎設施。如果開發時可以完全不用理會基礎設施的話，就能提高開發時的靈活性和速度。因此我們可以選用只需組合、連接預先做好的功能性組件，就能開發和執行應用程式的機制（無伺服器運算）；或是使用描述好業務流程，再拉出畫面跟報表後，就能自動生成程式碼的工具（無程式碼／低程式碼開發工具），提高開發的速度和靈活性。而這些手段「雲端」都有提供（參照「第5章 雲端」）。

但如果只做到上述的其中之一而沒做到其他的，整體的流通量還是不會提升。未來的開發和運維工作，必須像流水一樣連續、反覆地循環推動這些措施。

同時，若要積極使用雲端，還需要思考「零信任網路」的問題（參照「第6章 安全性」）。此外，在組織文化方面，也必須在專家之間的高信任關係為基礎，培育可以讓員工坦率交換建設性意見的人際關係，即「心理安全性」（參照「第3章 數位轉型」）。唯有組織的所有成員都有「心理安全性」支持，能夠自律地完成工作，才能實現數位轉型想要達成的壓倒性速度。

技術負債

「**技**術負債」是軟體開發領域的一個概念，將開發軟體比喻成貸款借錢，在開發時必須不斷改良軟體來償還債務，否則利息將會不斷累積。

即使一開始設計得很完美，而且完全按照設計實作，但當商業環境或使用者需求改變後，軟體還是得進行修改。然而在不斷修改的過程中，軟體會愈變愈複雜，讓修改難度節節上升，修改速度愈來愈慢。最終修改速度追不上需求的累積，就像連貸款的利息都還不起一樣。

造成此情況的原因之一，是軟體的「不可視性」。軟體這種東西只有軟體工程師看得懂，而一般的生意人看不懂。因此生意人得先把自己的需求講解給工程師聽，等工程師消化理解後才能把需求放進軟體，而這需要花上一段時間。

況且，人類很難把自己腦中的想法完全用言語解釋清楚，即使改用文字寫成規格表，也會損失掉某些資訊，無法完全滿足需求。然後，剛完成的產品會再拿給使用者試用，聽取回饋，接著又需要針對回饋進行修改。這就好比在使用前便先背上「技術負債」。

Amazon為了避免「技術負債」，據說每個小時會進行1000次以上的修改。雖然不太可能每間企業都跟Amazon一樣，但這個時代需要的便是這種速度。

然而，日本企業連1個月改良一次都算好的了，不少公司甚至半年或1年才改善一次。這是因為日本企業花費大量的時間和手續在相關部署的調整、呈報和審核預算、對IT部門解釋需求、向IT供應商發包與採購、開發團隊和運維團隊的溝通等事務上。這就導致「技術負債」持續膨脹。

前一節介紹的敏捷開發、DevOps、雲端，都是避免這種「技術負債」產生的有效手段。

敏捷開發：積極接受規格變更

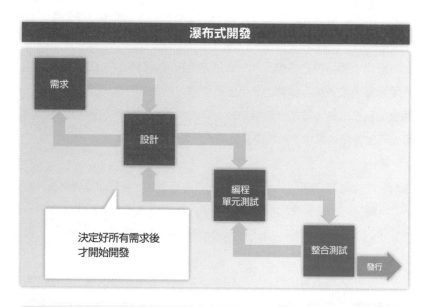

瀑布式開發

需求

設計

編程
單元測試

整合測試

發行

決定好所有需求後
才開始開發

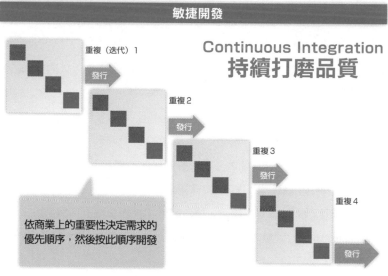

敏捷開發

重複（迭代）1

發行

重複 2

發行

重複 3

發行

重複 4

發行

Continuous Integration
持續打磨品質

依商業上的重要性決定需求的
優先順序，然後按此順序開發

先決定好所有規格後才開始開發的「瀑布式開發」已無法適應不確定性高的時代。而「敏捷開發」是專為因應這樣的時代而誕生的開發哲學，開發方法如今也已十分充實。

瀑布式開發是等所有規格都確定後才著手開發。而在開發前的討論階段，也會事先推測「有的話可以加分的功能」，或是「未來可能會用到哪些功能」。

瀑布式開發是以功能為單位。所謂的功能，指的是諸如輸入畫面、報表印刷、統計等用於處理一系列業務的組件。開發團隊會分工開發不同組件，等所有功能都做完後再組合起來。此外，瀑布式開發一旦開始做，就很難中途變更，必須等程式碼全部寫完才能開始測試，檢查有無臭蟲（程式錯誤）或異常，並加以修復改善。而使用者的測試還要等到更後面。

另一方面，敏捷開發在動手前只會先制定想要達成的明確商業目標（營收或獲利目標等），然後依據此目標決定重要性和優先順序，只製作真正會使用的「業務流程」。期間雖然也會制定系統規格，但充其量只是暫定的，開發者會積極依照需求變化變更規格。

業務流程指的是「按下出貨按鈕，系統就會自動印出給倉庫的出貨單」、「輸入經費核對報表，就會把資料傳給經理部門」等單一完整的業務手續。開發團隊會依照「對於業務進行的重要性高低」或「對營收或利潤的影響力高低」等業務的重要性，決定這些流程的優先次序，然後依序開發，不會預先去做「有的話可以加分」和「以後可能會用到」的功能。一旦明確了需要什麼後，就馬上決定優先次序，進入開發階段。

開發工作會控制在1～2週可以完成的規模，然後重複開發和發行的循環。每個循環都會讓使用者驗證和回饋。這就是「迭代式開發（iterative development）」。開發者會馬上處理使用者回報的改進項目，開發新的業務流程，然後跟先前開發的所有流程整合測試，發行下一個版本。這稱為「持續整合（Continuous Integration）」。敏捷開發就是不斷重複這個循環，堆疊業務流程，朝商業目標前進。

敏捷開發：以商業成果為目的

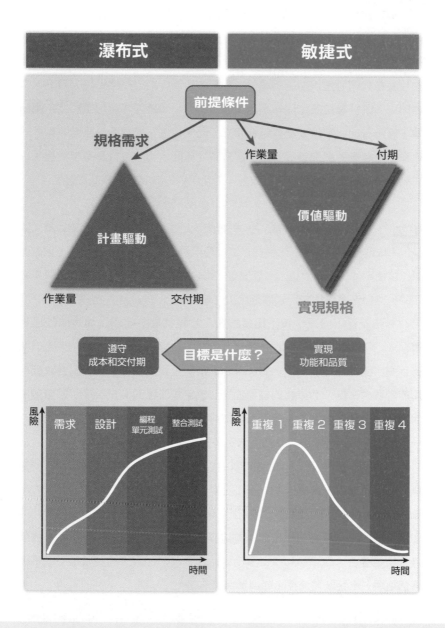

瀑布式開發會先計算做出規格要求的所有功能需要多少資源，即作業量和時間。然後基於事先定好的成本和交付期開發，等所有功能開發完後就完全結束項目。

另一方面，敏捷開發的第一步是依照符合商業成果的成本和何時需要來決定期限和資源。然後在設定好的資源範圍內，根據業務上的優先順序，最大限度地開發出符合使用者需求的應用程式。而決定優先順序的標準，通常是「若沒有此功能就無法進行業務」的程度，以及對企業營收或利潤的貢獻程度等。敏捷開發雖然也會預想完成品的模樣，但充其量只是一個暫時標準，若規格出現變化的話，團隊會積極地改變構想，直到判斷成品足以讓使用者達成商業目的後才算完成。

在瀑布式開發中，規格定好之後原則上就不接受變更，並會依照功能將開發工作細分分派出去。直到每個組件都開發好後才全部組合起來測試，並修正之前沒發現的臭蟲、錯誤以及設計上的缺陷。換言之愈到後期，品質上的風險就愈高。

另一方面，敏捷開發會先替每個流程準備測試程式，若流程順利通過測試，那麼這個流程的程式就算開發完成。這種開發方法稱為「測試驅動開發（Test Driven Development，TDD）」。每個流程的規模都只有30分鐘～1小時就能開發完的程度，因此可以逐一詳細地檢驗。

在此過程中累積開發起來的程式，會以1到2週為單位發行給使用者試用，收集回饋。接著開發者會依照回饋修正前一個流程，再跟新開發的下一個流程整合，測試整合之後能否順利運作，然後再次發行。重複此循環，高優先度且對業務重要性高的流程會經過更多次的使用者驗證和測試，故從結果來看，品質上的風險被往前移，愈到開發後期整體的品質愈好。

敏捷開發透過這種機制，在原理上確保開發者可在規定好的成本和作業量內，開發出高品質的應用程式。

敏捷開發：盡可能不做且迅速回應變化

瀑布式開發的觀念
假定「工作機制固定不變」的開發方式

凍結（確定）規格，
依照規格書 100%開發完畢後
才開始聽取第一線回饋

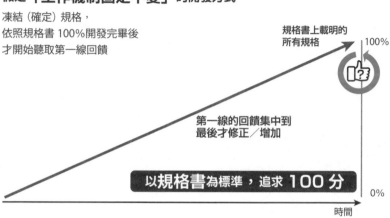

規格書上載明的
所有規格

100%

第一線的回饋集中到
最後才修正／增加

以規格書為標準，追求 100 分

0%

時間

敏捷開發的觀念
假定「工作機制會變化」的開發方式

針對中間成果尋求回饋，
允許變更規格或優先順序

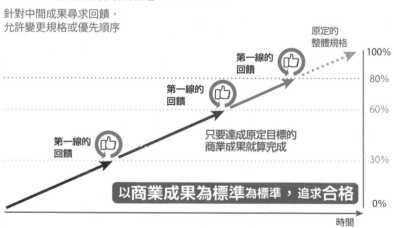

原定的
整體規格

100%

第一線的
回饋

80%

第一線的
回饋

60%

第一線的
回饋

只要達成原定目標的
商業成果就算完成

30%

以商業成果為標準為標準，追求合格

0%

時間

敏捷開發的好處如下列敘述。

❖ 不用等到全部做完,就先依序將已做好的業務流程開放給第一線測試,確認實際操作的感受和功能。不是用只有文字和圖片的規格書在腦中想像,而是實際操作運行程式,直覺地判斷好壞,因此得到的回饋會精準、快速

❖ 先完成商務上重要的業務流程,每隔1到2週持續釋放給使用者試用。每次發行時都會修正和測試前一個發行版本,所以愈重要的流程可以愈早且多次測試,徹底消除重要部分的臭蟲。因為愈後期開發的業務流程重要性愈低,就算發生問題也比較沒有太大的影響,可使整體系統維持較高品質

❖ 因為一個業務流程是以1到2週為單位開發,所以規格凍結的期間也只有1到2週。即使中途改變規格或優先順序,只要發生變更的業務流程還沒開始開發就能無痛調換,靈活回應變更的要求

從結果來說,此開發方式了兼顧高品質和高可變更性。而敏捷開發的目標可整理為以下3點。

❖ 不推測無法預測的未來,只開發真正要用的系統,不做多餘的開發投資
❖ 用可實際運作的「實物」進行驗證,做出符合第一線人員需求的系統
❖ 在可接受的預算和時間內實現最完善的功能和最高的品質

整體來說,敏捷開發是一種只開發「對營收獲利潤等事業成果有貢獻」或「不是靠推測而是真的會用到」的程式,盡可能減少開發量,將時間和精力集中在如何靈活應對變化和提高品質的應用程式開發哲學與方法。

系統的工作負荷與生命期

工作負荷

瀑布式開發
發行後不允許倒退，
提供「完全」的成品

產品式的
資訊系統

敏捷開發
發行後仍持續改善，
經常維持最新狀態

服務式的
資訊系統

生命期

瀑布式開發是由一小撮人決定規格後，再投入大量程式設計師來開發系統。開發出成品後，開發會轉入測試階段，減少開發人數，等測試完畢後就完全解散開發成員。

一旦開發完成，成品只會來愈老舊。要減緩老化的速度，就只能撥出一定數量的維護人員，專門處理使用者變更系統的要求和正式發行後才發現的異常問題。因此，工程師的工作負擔會出現明顯的波鋒和波谷。

另一方面，敏捷開發為了盡快替使用者提供價值，只會開發必要且對商業成果有貢獻的最小流程並馬上發行。發行後，開發者會收集使用者的回饋繼續改良功能、增加新的業務流程，直到使用者判斷現有成品可充分做出商業成果後才結束開發。因此，工作負荷的曲線相當平緩。

在這個變化難以預測，且第一線出現需求時就必須馬上應對的時代，選擇採用敏捷開發的企業正逐漸增加。

尤其，若想建立一個基於IT的新商業模式，就必須讓承擔業務責任的系統使用者和擁有IT專業的工程師一起參與討論，快速地重複嘗試犯錯來找出最佳方法。因此，現在愈來愈多企業在業務部門內設置IT系統團隊。

但按照日本的勞動法規和文化，公司一旦聘了某個員工就不能輕易解雇，沒辦法像美國那樣在開發的尖峰期聘人，等開發完後就解聘。因此，大多數的使用者企業選擇只雇用最少程度的正式員工，用把部分開發工作外包給系統整合業者的方式來應付工作負荷的變化。

如果是在規格書確定後才一次開發整個系統，那麼這種做法倒還沒有問題；但如果要一邊了解業務現場的需求，一邊嘗試犯錯的話，那就一定得在內部開發。

實現開發與運維的協調和協同的 DevOps

對資訊系統的要求

- 對商業成果有貢獻
- 確實、迅速地將有助實現商業成功的貢獻交到使用者手中
- 迅速、靈活地回應使用者需求的變化

開發團隊 (**Dev**elopment)	運維團隊 (**Op**eration)
替系統增加新功能	使系統穩定運行
迅速開發和更新應用程式	確保正式系統的穩定
希望使用者馬上試用看看	希望使用者能放心使用

對立

我想馬上回應變更！

我想保證系統穩定！

敏捷開發	軟體化基礎設施／雲端

工具 與 **組織文化** 的融合

開發團隊（**Dev**elopment）和運維團隊（**Op**erations）
互相協調，實現「對資訊系統的要求」的措施

「透過資訊系統，對商業成果做出貢獻」是開發團隊和運維團隊的共同目的。為達成此目的，資訊系統必須迅速、靈活地回應使用者的需求。在凡事講究壓倒性速度的現在，開發團隊和運維團隊比以前更需要具備這種能力。

然而，這兩種團隊雖然有相同的目的，卻有著不同的職責。開發團隊的職責是替系統增加新功能，以及迅速回應使用者的需求去開發或變更功能。所以，開發團隊會希望「馬上把新開發或更新應用程式推送到正式環境中運行，立即讓使用者享受到新版本的好處」。

相反地，運維團隊的任務是確保系統穩定運作。而為了讓正式系統能夠穩定放心地給使用者使用，運維團隊必須先部署或建構基礎設施，然後進行設定、規劃運維程序、測試等工作，無法馬上回應開發團隊要求。如果不設法處理這兩者之間的對立，組織就無法得到壓倒性速度。

因此，需要一套協調開發（Development）和運維（Operation），讓二者合而為一，一起克服這個障礙的對策——「DevOps」。

具體來說，為了讓新開發的系統可立刻推送到正式系統上，必須重新檢視開發團隊和運維團隊的角色，或是建立一套即使讓開發者自己決定是否要推送到正式系統也不會引起故障，可以確保系統穩定運作的機制。要建立此機制，我們可以積極引進系統部署和建構的自動化工具與容器。

DevOps的目標，便是透過這一系列措施，實現讓開發好的應用程式可以立即送給使用者檢驗的「持續交付（Continuous Delivery）」，或是可不間斷地將開發好的系統轉移到正式環境的「持續部署（Continuous Deployment）」。

結合敏捷開發可第一時間回應第一線需求，又能即刻回應變化的「重複式開發」機制和「持續整合」機制，即可為開發和運維工作賦予能靈敏應對變化的壓倒性速度。

幫組織實現壓倒性速度的 DevOps 和容器組合

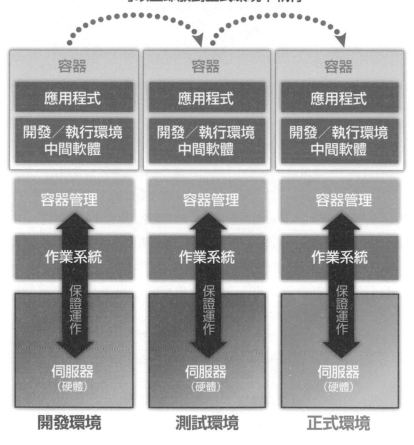

應用程式開發者
在開發時無須理會 OS 或基礎設施的差異，
讓應用程式在任何地方都能執行

開發、測試好的 app
可以立即放到正式環境中執行

容器	容器	容器
應用程式	應用程式	應用程式
開發／執行環境 中間軟體	開發／執行環境 中間軟體	開發／執行環境 中間軟體

容器管理	容器管理	容器管理
作業系統	作業系統	作業系統
保證運作	保證運作	保證運作
伺服器（硬體）	伺服器（硬體）	伺服器（硬體）
開發環境	**測試環境**	**正式環境**

開發者在寫好或改完應用程式的程式碼後，還會測試它能不能正常運作。這項作業對開發者而言有如家常便飯，遇到大型應用程式時，還會特別分配幾個開發者專門負責測試工作，同時製作、修正、測試由同一個應用程式構成的多個不同程式。而寫好的程式碼必須儘早檢查是否存在錯誤，確保它能正確運行、協同，讓多名開發者寫出來的程式碼隨時保持在最新狀態，而且合起來後可以正確發揮功能。

為此，就必須在程式碼變動時自動進行單元測試，提早發現因程式修改或增加功能導致的整合錯誤並加以修復。這一系列的作業就叫「持續整合（CI：Continuous Integration）」。

完成CI的應用程式會自動轉移到測試環境中，確保應用程式隨時處於可運作的最新狀態，而這作業就是「持續交付（CD：Continuous Delivery）」。另外，將應用程式轉移到實際運行的正式環境中的自動化作業則是「持續部署（CD：Continuous Deployment）」。

DevOps的目標就是透過CI/CD迅速且高頻率地為應用程式增加新功能或修正。而使用容器的話，就能讓應用程式擺脫硬體或OS的限制，所以這裡可以利用容器技術，確保開發、測試好的應用程式在實際運作的正式環境中也能以相同狀態運行。因為我們是要持續、反覆地循環此過程，所以啟動快速的容器可以縮短CI/CD的時間。同時，只要在測試環境和正式環境上使用相同容器，就不用理會運行環境的差異，直接把應用程式丟過去執行。

在CI/CD的概念和實踐工具問世前，開發者必須手動去執行每個作業。而使用容器的話，就能使這一系列步驟自動化，大幅提高作業效率，並以高頻率重複此過程。

不可變基礎設施與基礎設施即程式碼

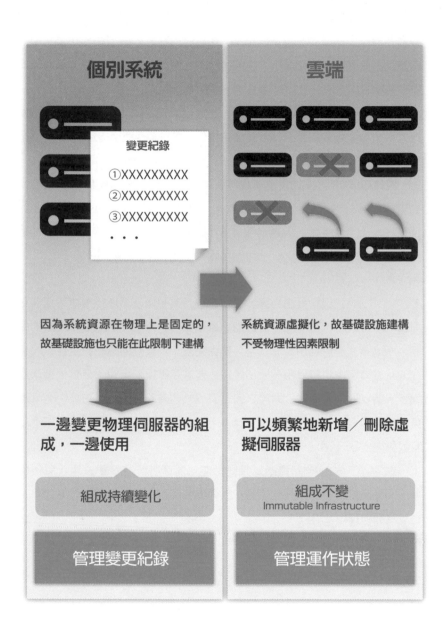

個別系統

變更紀錄

①XXXXXXXXX
②XXXXXXXXX
③XXXXXXXXX
・・・

因為系統資源在物理上是固定的，故基礎設施也只能在此限制下建構

一邊變更物理伺服器的組成，一邊使用

組成持續變化

管理變更紀錄

雲端

系統資源虛擬化，故基礎設施建構不受物理性因素限制

可以頻繁地新增／刪除虛擬伺服器

組成不變
Immutable Infrastructure

管理運作狀態

中間軟體和應用程式必須適時適當地修復臭蟲和進行安全性更新。而每次更新時，運維團隊都必須檢查應用程式能否正常運作，而且一旦更新後出了問題，就得花費大量時間和精力去「切分問題」來除錯。

所以為了應對這類事故，通常會用一本「帳簿」來管理IT資產的更新日誌、用途、版本、負責人、作業內容、日期。但當硬體和軟體變得愈來愈多後，這些東西也會愈來愈難管理，而且有時還會發生實際狀態跟帳本內容不符的情況，這時就必須一個一個分別檢查。

而能夠解決此問題的方法，就是不可變基礎設施（Immutable Infrastructure）。「不可變」是「不對正式環境做任何變動」之意，換言之就是「不去管理版本更新或修補程式」。

當需要變更正式環境時，一般會準備另一套完全相同組成和能力的基礎設施，在上面進行充分的測試，確定沒有問題後再把網路的連接點從正式環境轉移到新環境上，切換過來。這樣一來即便切換後的正式環境有問題，只要把網路連接改回去，就能馬上回到舊的正式環境。

如果改用虛擬機器取代硬體來實作這套正式環境和開發／測試環境，那麼基礎設施的建構、刪除、啟動都能輕鬆快速地完成，大幅降低轉移工作的負擔。不僅如此，如果使用容器的話，更完全無須理會基礎設施，可以更頻繁、快速地重複此作業。

此外，還有一種做法是統一用軟體控制硬體、OS、容器、開發與執行環境並加以自動化。這套做法被稱為「基礎設施即程式碼（Infrastructure as Code）」，意思是將所有設定基礎設施的手續程式碼化，目前Chef、Ansible、Terraform等開源軟體都有提供可以實現這套機制的功能。

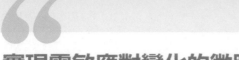

實現靈敏應對變化的微服務架構

單體式應用程式
（monolithic，像單塊巨石一樣的）

用巨大的單一功能實現單一處理

微服務型應用程式

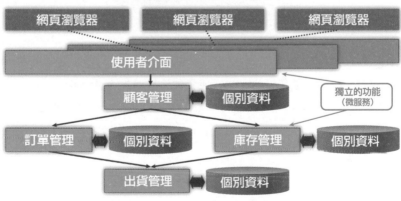

組合多個獨立功能（微服務）實現單一處理

程式是組合各種各樣的功能來實現整體的處理，達成業務目標。比如網路購物就是由負責處理使用者存取動作的「使用者介面」，以及負責處理各種不同業務（顧客管理、訂單管理、庫存管理等）的「業務邏輯層」組成的單一程式。假如同時有多筆訂單進來，系統就會按照訂單數量平行執行多個應用程式。這種建構程式的方法稱為「單體式（monolithic，指像單塊巨石一樣的）」。

然而，這種做法在支付方法改變，或是需要把顧客管理換成其他系統，比如外部的雲端服務時，不論變更的規模大小如何，都需要重寫整個程式。

而且隨著變更愈來愈多，原本漂亮切分的各邏輯層的分工會慢慢變得模稜兩可和複雜，降低處理效率，增加維護管理的難度。這便是本章前面介紹過的「技術負債」。不僅如此，當生意做大，訂單數量增加時，由於邏輯層負荷變大，但處理能力無法跟著增加，所以只能增加同時運行的程式數量，使系統需要龐大的處理能力。

解決這問題的方法，便是微服務架構。這是一種將單一功能的組件連結起來，實現整體處理的技巧。而「單一功能的組件」就是「微服務」。

每個微服務都完全獨立，任何一個微服務的變更都不會影響到其他微服務。而且執行時也是各自獨立執行。採用這種方式，就能把不同功能的開發、變更、運維工作獨立出來。同時，因為處理時是以微服務為單位，所以要增加處理量時只需增加會用到的微服務即可，減少系統的負荷。

而用容器製作這種微服務，就能在運作時擺脫對基礎設施的依賴，因此只要結合微服務和雲端，便可立即增加或減少處理能力。

無伺服器運算和 FaaS

「無伺服器運算」是一種無須管理和設置用於執行應用程式之伺服器的開發方式。可運用這種方式來開發應用程式的雲端服務叫FaaS（Function as a Service）。使用FaaS，可以把開發時需要的基礎設施的調配和管理工作交給雲端業者代勞，以服務的形式使用資料庫、傳訊、驗證等開發需要的功能，讓開發者專注在應用程式的開發上。

❖ 可預先準備好不同處理（事件）種類的服務（實現特定功能的程式）程式碼，在對應事件發生時呼叫，執行一系列的業務處理
❖ 自動分配執行時需要的伺服器資源，並依需求調整資源大小
❖ 在容器上執行寫好的程式碼，執行完後立刻刪除

至於費用的部分，則是按照實際用到的功能收取。比如以AWS的FaaS服務AWS Lambda為例，每100萬次請求（request）的費用是0.20美元，每GB秒0.00001667美元，不使用時則不計費。同時，每月還有1,000,000次請求與400,000GB秒的免費額度。跟IaaS只要建立伺服器，無論使不使用都需要按時間收費不同，在某些使用情境下，FaaS可以大幅降低成本。除AWS Lambda外，其他FaaS還有Google Cloud Functions、Microsoft的Azure Functions等。

使用FaaS的好處有削減成本、確保可擴展性、將應用程式開發者從基礎設施的運維管理中解放。而且FaaS跟微服務的相性很好，可以作為實現微服務的手段。

FaaS跟PaaS（Platform as a Service）的不同點，在於PaaS是每次請求時都會啟動／停止整個應用程式的「請求／回應（request-reply）模式」；而FaaS是依服務啟動／停止的「事件驅動模式」。

因此，並非所有種類的應用程式都適合使用FaaS製作，FaaS更適合用於電商網站或購物網站這種難以預測負荷，必須應對動態負荷變化的應用程式。不過，這個限制也正逐漸減少。

讓開發者專注於應用程式開發的雲端原生

開發者想集中精力在可跟其他公司做出差異的業務邏輯層
卻被迫去處理不會產生附加價值的工作

- ✓ 設定中間軟體
- ✓ 建構基礎設施
- ✓ 發布安全性更新
- ✓ 產能規劃

- ✓ 系統監控
- ✓ 系統冗餘化
- ✓ 應用程式的認證／授權
- ✓ API 節流　等

將開發者從這些負擔中解放

微服務架構

容器

持續且快速地
更新應用程式，
立即回應業務需求

DevOps

在 這個社會和經濟環境瞬息萬變的時代，企業需要靈敏應對變化，快速地開發和改善應用程式。要做到這點，就必須使應用程式的開發者們，能把精力專注在可跟其他公司做出差異和創造新價值的業務邏輯層上，不用浪費時間去照顧不會產生附加價值的基礎設施和平台。

然而，現實是中間軟體的設定、基礎設施的建構、安全性更新的發布、產能規劃、系統監控、系統冗餘化、應用程式的認證／授權、API節流等工作，一般全由開發者負責。因此，有一種主張認為應該將這些作業交給雲端服務，讓開發者從這些負擔中解放。這便是「雲端原生」。

無伺服器運算／FaaS也是一種這樣的服務，它使「微服務架構」、「容器」和「DevOps」成為可能，或使用雲端服務讓開發人員能夠專注於應用程式的開發。

所 謂微服務架構是一種透過組合微小的功能組件——即微服務——來組成應用程式的手法。各個服務都獨立運作，並互相通訊，整體作為一個應用程式運作。每個微服務都不依賴於其他服務，因此可在不影響其他服務的情況下進行修改、變更規模、重新啟動，將對使用者的影響降至最低，並在運作時頻繁地更新應用程式。

容器跟虛擬機一樣，是「被隔離的應用程式執行環境」。但跟虛擬機相比，容器的系統負荷更小，而且可以跨基礎設施或平台運行。透過容器技術，就能將應用程式轉移到混合雲或多重雲等異構系統上運行，或是橫跨多個系統執行，來動態地變更規模。

DevOps則是一種由開發者和運維者共同合作，讓開發者即使頻繁修改應用程式或更新版本，也能確保資訊系統穩定運作的措施。

讓工程師能專注心力在這些與應用程式有關的事項上，即可持續且快速地更新應用程式，第一時間回應商業需求的變化。

讓系統開發工作更靠近商務前線的無程式碼／低程式碼開發

無程式碼 No-Code

由於功能有限，只能開發特定用例，不適合大範圍的系統

適合建構小型應用程式的簡單工具，最適合用來解決功能基本的用例。同時，這類工具通常專為特定的任務開發，功能比較有限

不用寫程式碼，
操作 GUI
即可開發系統

低程式碼 Low-Code

擴展性高，且跟其他軟體的整合功能也很豐富，適合廣範圍的系統

具擴展性的架構，具有可以能重複利用的開源 API 來擴展平台功能的功能。具有可在雲端環境或地端環境部署的靈活性

純程式碼 Pro-Code

手寫程式碼，可以實作各種不同功能，適合廣範圍的系統

具有擴展性的架構，具有可以能重複利用的開源 API 來擴展平台功能的功能。具有可在雲端環境或地端環境部署的靈活性

用寫程式的方式
開發系統

高

開發生產力

低

雲端的普及為基礎設施或平台的調配與架構速度帶來飛躍性提升，但應用程式開發的生產力卻出現相應的增長。而作為解決此一問題的手段，近年「無程式碼（No-Cdoe）／低程式碼（Low-Code）開發工具」開始受到關注。

「無程式碼開發工具」就是完全不用寫程式碼即可開發應用程式的工具，只需操作俗稱GUI（Graphic User Interface）的視覺化、直覺化介面，依照想要的處理順序，組合事先準備好的介面和功能組件即可做出程式。相較傳統的系統開發，這種工具不需要編程的專業知識，也能在短時間內開發出高品質的應用程式。而「低程式碼開發工具」跟無程式碼開發工具一樣，主要透過操作GUI來製作程式，但也可以進行簡易的編程，更細緻地調整處理順序。

使用這些工具，就算沒有編程的專業知識，只要對業務有足夠了解，且具備能釐清業務邏輯的知識或經驗，就能開發應用程式。因此能立刻將前線的點子化為現實，或更容易進行持續改善。同時，由於只需輸入業務順序就能自動產生應用程式，因此可將業務流程視覺化，並排除程式設計師的人為因素。

但是，這種工具不能涵蓋應用程式開發的全部流程。比如商業目的的設定、業務分析、明確業務需求的討論、項目管理等環節，跟從前相比不會有任何改變。不過設計、編程、測試等消耗人力的工程可以大幅減少工作量。

由於以上特性，在開發新應用程式時，雖然減少工作量的效果有限，但仍有望大幅提升已完成之應用程式的維護／改修工作的生產力。另外，雖然在開發事先定好嚴格規格的應用程式時限制較多，用起來可能有點綁手綁腳，但對需要頻繁變更，或是會一邊開發一邊增加新需求的項目就很有效果。如果結合敏捷開發的話，應能更好發揮此類工具的真正價值。

RPA：PC 操作的自動化工具

PC（滑鼠和鍵盤）操作的自動化工具

Robotic Process Automation
（RPA：機器人流程自動化）

用能自動執行複製貼上、核對、輸入等鍵盤滑鼠操作的
軟體「機器人」代替人力完成工作

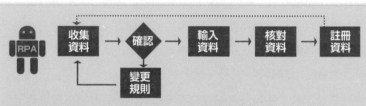

- 連接多個應用程式或畫面，註冊要執行的操作順序
- RPA 自動依照順序執行，代替人類完成作業
- 對定型、單純、重複性高、大量的作業效果絕佳

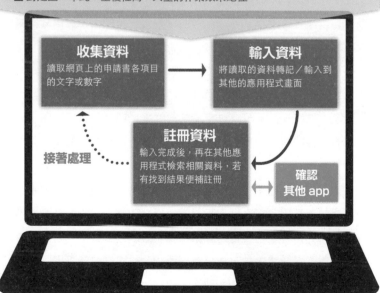

收集資料
讀取網頁上的申請書各項目
的文字或數字

輸入資料
將讀取的資料轉記／輸入到
其他的應用程式畫面

接著處理

註冊資料
輸入完成後，再在其他應
用程式檢索相關資料，若
有找到結果便補註冊

**確認
其他 app**

R PA（Robotic Process Automation）是能代替人類自動執行複製貼上、核對、輸入等鍵盤滑鼠操作的軟體。前一節介紹的「無程式碼／低程式碼開發工具」是開發應用程式的工具，而RPA不同，是操作或連接已存在之應用程式的自動化工具。

通常，當我們要讓2個不同的應用程式一起工作時，會使用應用程式提供的連接功能（API：Application Programming Interface）製作協作程式。然而這麼做需要專業的編程知識，而且應用程式必須有提供API才行。

相對地，RPA只需要在使用中的應用程式畫面上錄製人類的操作順序，程式就能自動替你完成相同的操作。比如「讀取申請書註冊畫面上各項目的資料，再貼到Excel上」、「用選出的關鍵字搜尋其他應用程式的資訊，檢查必要的項目」等，RPA可以直接重現人類做這些工作時的具體操作順序。因為它能代替人類完成軟體操作的勞力工作，所以又被稱為「Digital Labor」或「機器人」。

RPA可以大幅提升政府部門、公家機關、金融業等行業和職種的生產力，因為這類行業存在大量事務處理和文件製作等依賴人力、內容單調，卻又費時費力的業務。換言之，RPA很適合「定型、單純、重複性高、量大」的業務。

許 多日本企業為推動事務處理的合理化，降低行政成本，會採用外國的共享服務或BPO（Business Process Outsourcing），卻面對當地勞力薪資上升，以及人才流動性高導致知識和技術難以傳承的問題。同時，在高齡化、少子化趨勢下無可避免將面臨勞動力不足的日本，如何提升業務生產力是迫在眉睫的課題。除此之外，對於因低利率而難以確保利潤的銀行，也必須設法削減用於龐大事務處理的人力。

而RPA作為可以在短時間內以低成本有效減少「定型、單純、重複性高、量大」之業務負擔的解決方案，正逐漸受到注目。

RPA：課題、限制以及解決方法

雖然不用寫程式，但仍需要編程技能

- ☑ 業務流程的整理和規格化
- ☑ 設定規則與命名規則的標準化
- ☑ 處理順序的簡化和重構

雖然 IT 部門做得到，但業務部門（有可能）做不到

- ☑ 缺乏編程技能
- ☑ 對 IT 部門是本業工作但對業務部門不是
- ☑ 害怕自己的工作消失而抗拒

一旦熟悉業務流程的人消失就會黑箱化

- ☑ 由人管理的流程常會遇到目的或前後程序不明的情況
- ☑ 在引進初期雖能看到很大成效，但效果很難持續擴大
- ☑ 由人管理的流程變成常態後，會阻礙業務改善

若不熟悉 RPA 的優缺點，效果會很有限

- ☑ 若運用在 RPA 不擅長的領域就看不到效果
- ☑ 變更業務流程或使用者介面時，無法迅速對應
- ☑ 如果只使用簡單的功能，則投報率很低

RPA 的弱點

- ◆ 很多流程需要人為判斷
- ◆ 動態改變畫面的位置或框框
- ◆ 在模糊規則下恣意或頻繁變更畫面

引│進RPA雖然能夠在短時間內大幅提升業務效率，但要考慮的事情也不少。

❖ 雖然不用寫程式，但仍需要編程技能：業務流程的整理和規格化、設定規則與命名規則的標準化、處理順序的簡化和重構（整理成易懂的形式）等

❖ 雖然IT部門做得到，但業務部門（有可能）做不到：因缺乏編程技能、對IT部門是本業工作但對業務部門不是、害怕自己的工作消失而抗拒等

❖ 一旦熟悉業務流程的人消失就會黑箱化：由人管理的流程常會遇到目的或前後程序不明的情況，在引進初期雖能看到很大成效，但效果很難持續地擴大；或者由人管理的流程在黑箱的狀態下變成常態，反而會阻礙業務改善等

❖ 若不熟悉RPA的優缺點，效果會很有限：很多流程需要人為判斷，比如動態改變畫面的位置或框框、在模糊規則下恣意或頻繁變更畫面等等。但若因此只將RPA用在簡單的業務上，就不容易看到明顯的投資成效

除│了上述問題之外，在此之前還會遇到另一個問題，那就是使用RPA之前必須先仔細研究「這個流程是否真有必要使用RPA」，並最佳化業務流程本身。在引進RPA之前，最好先認識以上的課題和限制，並採取以下對策。

❖ 建立使用者、IT部門、供應商交互推進的體制，明確實施目的，根據可達成的成效多寡決定實施的優先順序

❖ 更新最新的資訊，經常重新檢討最好的應用方法，實施前先檢討業務流程加以改良或廢除，徹底淘汰沒有意義或無用的業務流程

❖ 對於能靠改良業務解決的部分，應優先用此方式解決，之後再找出光憑自己無能為力改進，以及能有效靠RPA改善的部分來實施

❖ 持續推動改善循環，不要只依賴RPA，也要把業務的改善和改革、API協作與系統重構等措施納入選項

❝ 可提高應用程式附加價值的 API 經濟

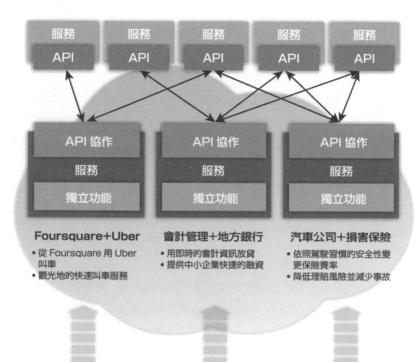

Foursquare＋Uber
- 從 Foursquare 用 Uber 叫車
- 觀光地的快速叫車服務

會計管理＋地方銀行
- 用即時的會計資訊放貸
- 提供中小企業快捷的融資

汽車公司＋損害保險
- 依照駕駛習慣的安全性變更保險費率
- 降低理賠風險並減少事故

Amazon提供了可在各種電商平台上使用Amazon支付功能的「Amazon Pay」服務。只要使用此服務，使用者無須在網路商店註冊個人資料，就能直接使用已註冊的Amazon帳號進行支付，省下很多手續。同時，電商平台也不用自己開發支付功能，就能把龐大的Amazon會員化為自己的潛在客戶。

多虧了API（Application Programming Interface），我們才能像這樣結合各種不同服務的優勢功能，創造出只靠自己難以實現的價值，並利用其他服務透過提供自家服務或功能。

API原本是一種讓其他軟體可以呼叫自家軟體功能來用的方法。後來這項技術被應用到網路上，變成一種可以讓其他服務透過網際網路使用另一項服務的機制。

API供應商提供的服務範圍愈廣，就能獲得愈多新客戶，並收取更多使用費。而使用API的企業也能無須自己開發就直接使用便利的功能，快速建立自家的服務。這種API的互利關係俗稱「API經濟」。

市場提供API服務的供應商不只Amazon。比如有些會計管理的雲端服務，會在經過使用者同意的前提下將每天的營收資料提供給銀行，加快融資放貸的速度；還有汽車公司會將車載感測器取得的駕駛資料提供給保險公司，讓保險公司能推出依照駕駛習慣的安全性、行駛距離、行駛地區等資料改變費率的保險。尤其是金融機構，透過提供可取得存款餘額、出入帳明細、帳戶資料等資訊的API，金融界正逐步打造全新的金融服務。

然而，公開API也會遇到很多問題，比如安全性、權限的設定和認證、如何收費等。因此市場上也出現了透過API為不同服務進行中介，以解決上述問題雲端服務。「API經濟」正一步步擴大。

嵌入式金融的可能性

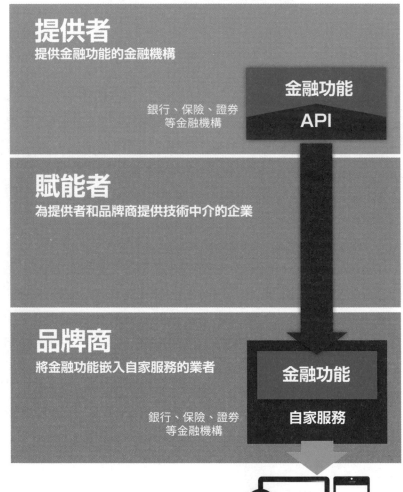

Embedded Finance：嵌入式金融／
Modular Finance：模組化金融

提供者
提供金融功能的金融機構

銀行、保險、證券
等金融機構

金融功能
API

賦能者
為提供者和品牌商提供技術中介的企業

品牌商
將金融功能嵌入自家服務的業者

銀行、保險、證券
等金融機構

金融功能
自家服務

「**嵌**入式金融（Embedded Finance）」指的是在非金融業的服務中嵌入金融服務，又稱為「模組化金融（Modular Finance）」。

現在多數銀行都有可從網際網路使用自家金融服務的「網路銀行」。網路銀行就像是開設在網際網路上的「掛著自家招牌的線上分行」。而除此之外，有些銀行也有提供前一節介紹的可更新的「銀行API」，讓其他服務可以直接使用銀行的金融功能，比如核對帳戶餘額、支付、轉帳等等。而銀行自己可以藉此獲得新客戶。另外現在也出現了整合各家銀行的API，並以雲端提供存取的「Banking as a Service（BaaS）」，俗稱「純網路銀行」。

而「嵌入式金融」便是由上述的機制發展而來。比如提供線上購物功能的「Shopify」，便提供客戶可在自家服務內開設銀行帳戶，進行匯款或支付等資金管理。在此之前，零售商在電商平台開店需要自己準備銀行帳戶再去平台上登記，但Shopify讓零售商可以直接在它們的平台上開戶。

但Shopify並未自己經營金融業，而是將其他銀行提供的功能嵌入自家服務來實現此服務。除此之外，Shopify還為在自家平台上開店的零售商提供開設專用帳戶、匯入銷售收入、支付開銷、轉帳等服務。而在日本，「住信SBI網路銀行」也跟「日本航空」成立了合資公司，發行多幣種的儲值卡，讓客戶可以存入外幣。除了上述外，現在也出現可以網路上購物時由AI自動審查信用，主動為消費者提供貸款的服務。

嵌入式金融是由「提供者／提供金融功能的金融機構」、「品牌商／將金融服務嵌入自家服務的業者」、「賦能者／為提供者和品牌商提供技術中介的企業」這3個角色合作實現的。「嵌入式服務」可說是從API發展而來的體系，作為一種「不用自己動手就能實現IT服務的手段」，未來也許會進一步擴散到其他行業。

系統開發和雲端服務的角色分工

戰略
應用程式

設計思考
精益創業

商品
應用程式

電子郵件
辦公工具
經費核算
行程安排
檔案分享
項目管理 等

與事業戰略直接連結
Just in time
對事業成果有貢獻

由內部團隊開發

使用雲端服務

隨時保持最新
免維護生態系統

平台

機器學習／區塊鏈／IoT 等

核心應用程式

ERP／SCM

敏捷開發
×
DevOps

若要用壓倒性速度做出一套IT服務，就不該全部自己開發。對於不需要獨創性的應用程式，應該積極使用SaaS。比如電子郵件、辦公工具、經費核算、檔案分享等，由於不論哪家公司的做法都差不多，即便多少有必要重新檢討使用順序，基本上都還是會用到同樣那幾套軟體。

還有，財務會計、人事薪資、銷售管理、生產管理等基礎業務（核心應用程式）也應盡可能標準化，並結合SaaS改變工作方式，然後繼續沿用原本的軟體，就能改善開發負擔、降低成本，並提高速度。此外，新的需求、法規、稅制等也不需要個別獨立處理。

在開發自家獨創的戰略應用程式時，可以利用平台來開發所需的科技。比如使用AI或區塊鏈等新科技開發應用程式時，需要的功能組件其實平台商都已經幫你準備好了，直接使用的話不但可以加快開發速度，還能隨時用到最新的功能，而且這些功能的擴展和運維管理都能交給平台商代勞。同時，當需要跟核心應用程式協作時，平台商也有提供標準化的協作功能，故可用最少的力氣完成協作。

用這種方式打造IT服務，就能將人才和金錢集中投資在自家獨創性的開發上，創造競爭優勢。此外，在開發新事業或改革事業／經營模式時也需要開發戰略應用程式，但如果採用設計思考或精益創業的思維和方法，也能夠將資源傾注於創造創新。

要活用上述的做法，就必須能靈敏地應對變化或即時回應第一線的需求。因此必須以敏捷開發或DevOps的思維或方法為基礎。

未來的運維技術人員與 SRE

運維技術人員
Operator / Operation Engineer

落實 DevOps 的措施

回答 IT 實務中
使用方式問題的窗口業務

重複實施事先規定之操作的
常態業務

處理 IT 相關事故的
障礙處理業務

基礎設施（網路或 OS、硬體等
基礎部分）相關管理業務
（構成管理或容量管理等）

積極用
軟體
取代人工

❖ 雲端服務
❖ 自動化／自主化工具

無論商務、App 還是需求
都在快速改變，因此必須
持續改善，用軟體替代人
工作業

橫跨組織的基礎設施

● 設計可即時應對變更和高可靠性的系統基礎
● 設計、建構運維管理的自動化／自主化機制
● 建立對利於開發者使用的標準化政策或規則

從工人變身為
軟體工程師！

SRE (Site Reliability Engineer)

基礎設施平時的運維業務，正逐漸改由雲端業者代勞。同時，如果使用雲端的話，現在開始使用基礎設施時前的設定工作也能用現成工具或API操作，進入應用程式開發者也能自己設定基礎設施的時代。這套機制便是介紹過，將所有基礎設施設定手續程式碼化的「Infrastructure as Code」。

在這樣的時代，運維技術人員的角色需求也有巨大改變。比如，過去運維人員負責的工作是：

❖ 回答IT實務中使用方式問題的窗口業務

❖ 重複實施事先規定之操作的常態業務

❖ 處理IT相關事故的障礙處理業務

❖ 基礎設施（網路或OS、硬體等基礎部分）相關管理業務（構成管理或容量管理等）

但現在很多企業都積極用雲端服務或自動化工具替代這些業務，運維工作的重點也逐漸轉移成創造能靈活、迅速應對快速改變的商務需求的基礎設施環境。這個措施叫「SRE（Site Reliability Engineering）」。具體來說包含以下業務

❖ 設計可即時應對變更和高可靠性的系統基礎

❖ 設計、建構運維管理的自動化／自主化機制

❖ 建立對利於開發者使用的標準化政策或規則　等

而負責上述工作的技術人員被稱為「Site Reliability Engineer」。他們的任務是跟開發者分享服務等級的目標，並合作打造一個橫跨組織機制，讓開發者在開發、測試以及正式運作時，隨時都有可用的基礎設施環境。

愈來愈多運維技術人員的角色，正從事故應對和保護基礎設施的穩定運作，轉移到因應加速的商務速度變化，並「對商業成果做出貢獻」。

第 **10** 章

當下最應關注的科技

大幅改變 IT 與人互動方式的
VR、AR、MR

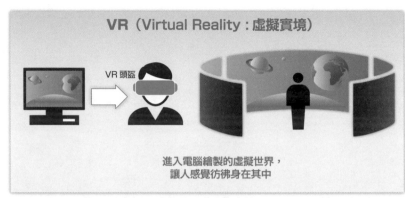

VR（Virtual Reality：虛擬實境）

VR 頭盔

進入電腦繪製的虛擬世界，
讓人感覺彷彿身在其中

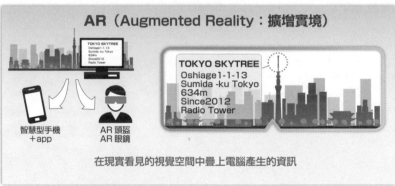

AR（Augmented Reality：擴增實境）

TOKYO SKYTREE
Oshiage1-1-13
Sumida-ku Tokyo
634m
Since2012
Radio Tower

智慧型手機
＋app

AR 頭盔
AR 眼鏡

TOKYO SKYTREE
Oshiage1-1-13
Sumida -ku Tokyo
634m
Since2012
Radio Tower

在現實看見的視覺空間中疊上電腦產生的資訊

MR（Mixed Reality：混合實境）

疊合現實世界和電腦產生的數位世界，
並可透過觸摸數位世界來操控或使物件發揮作用

● VR（Virtual Reality：虛擬實境）

戴上頭盔後，就能看見電腦繪圖技術產生的虛擬世界。而且影像會跟隨使用者的臉部或身體動作移動，加上耳機的話還能聽到音響效果，讓人獲得彷彿真的身在其中的體驗。這便是VR，是種讓人投入用電腦搭建的人工世界，產生身歷其境感受的技術。

此技術被應用在「高沉浸感的遊戲」、「飛機的模擬操控程式」、「在虛擬空間中展示用3D影像製作的系統廚具等家具」等情境。

● AR（Augmented Reality：擴增實境）

利用透明的鏡片，將要說明的「附加資訊」疊加在現實景象上。此外也有用智慧型手機或平板拍攝景象，然後在機背主鏡頭拍到的影像上疊加資訊的軟體和雲端服務。這便是AR，是種可在現實所見的視覺空間中疊加顯示資訊，擴增現實世界的技術。

此技術被應用在「在要檢查的設備上顯示檢查項目」、「在機器的操作面板上顯示說明或操作方法」、「在智慧型手機拍到的建築物或風景上疊加導覽資訊」等情境。

● MR（Mixed Reality：混合實境）

可以觸摸透過目鏡疊加在現實世界的3D影像，與其互動。同時，只要觸摸疊加在現實世界上的物件，就會自動顯示文字或影像。雖然概念很類似AR，但AR主要是將電腦產生的資訊投影在現實世界的技術，而MR是將現實世界和電腦產生的數位世界重疊，並可透過觸摸數位世界來操控或使物件發揮作用的技術。

比如，VR可以讓人沉浸在電腦產生的CG畫面中，並透過觸摸或移動來跟虛擬世界裡的物件互動，而MR是將VR再結合現實世界，可以讓人觸摸眼前看到的3D影像，或是點擊按鍵呼叫資訊。

不依賴第三方機構
也能確保交易公正性的區塊鏈

傳統方法（中心化帳本）

將帳本交給可信任／有權限的機構或組織保管，
確保交易的公正性

區塊鏈（分散式帳本）

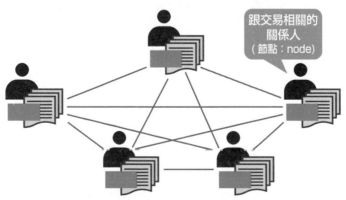

跟交易相關的所有人都擁有相同帳本，
互相確保交易的公正性

般的交易是由法律或規定，或是由多年的良好信用紀錄保證信用性的銀行或政府機關等第三方機構或組織統一管理交易紀錄，擔保交易的公正性。相反地，「區塊鏈（Blockchain）」則是不依靠這類第三方機構介入來保證交易公正性的技術。

區塊鏈原本是為了某位自稱中本聰的人物（或團體）為保證「比特幣（Bitcoin）」的可信任性而開發的技術。比特幣的理念是「創造一個不受政府或中央銀行限制和管理，任何人皆可自由交易，且不可竄改欺騙的網路貨幣」，而比特幣論文中提到的原理便是區塊鏈誕生的契機。後來一群有志之士根據這篇論文以開源軟體的形式開發出了比特幣，並在2009年正式開始營運。比特幣自發行以來從未發生過交易被竄改的事件，大眾也紛紛承認區塊鏈的有效性。而如今除了比特幣外，網路上又出現了許許多多基於相同概念的「網路貨幣」，這便是現在俗稱的「虛擬貨幣」。

另外，日本的比特幣交易所Mt.Gox的系統曾在2014時遭到駭入，導致一時之間無法交易，成為重大的社會問題。而除了比特幣，其他虛擬貨幣也同樣發生過交易所遭到駭客攻擊的事件。但上述事件都不是虛擬貨幣本身的問題，而是交易所系統的問題，故虛擬貨幣本身的有效性並未破功，必須分清楚兩者的差別。

為保證比特幣可信任性而開發的區塊鏈技術後來又繼續發展，成為一種不依賴「可信任的第三方機構」，所有跟交易相關的成員共有同一份帳本，藉由彼此互相監督來「確保交易公正性的通用性技術」。除了虛擬貨幣外，也被當成轉帳、支付、貿易金融、鑑定書管理等各種交易或價值交換的可信任性保證機制。

尤其是在不知交易對象是否可信，又不存在可信任的仲介者，但不得不進行交易或匯款的情境中，區塊鏈有望成為有效的手段。

區塊鏈的原理

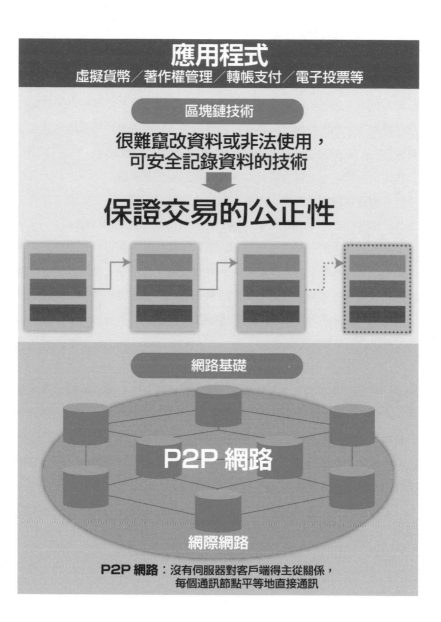

應用程式
虛擬貨幣／著作權管理／轉帳支付／電子投票等

區塊鏈技術

很難竄改資料或非法使用，
可安全記錄資料的技術

保證交易的公正性

網路基礎

P2P 網路

網際網路

P2P 網路：沒有伺服器對客戶端得主從關係，
每個通訊節點平等地直接通訊

在區塊鏈中，每數筆交易會被打包成一個「區塊」。而這些「區塊」按照時間序串連起來後就稱為「區塊鏈」。區塊鏈會被所有參與這個交易機制的電腦系統複製、分享。當交易發生時就會產生新的區塊，依循事先規定好的順序（共識演算法）檢驗這筆交易的公正性後，區塊便會被加到鏈上。然後所有參與此鏈的電腦系統上的區塊鏈都會被更新。經過這一連串手續，交易紀錄會被分散給全員共有，紀錄下這筆交易。

如果有人試圖竄改過去的交易歷史，就必須改寫由鏈上數量龐大的所有系統共有的特定區塊。此外，每個區塊都含有上一個區塊的加密化暗號（哈希值），而這個暗號就像是區塊的指紋，所以在被竄改的交易之後的所有區塊都必須重新計算，然後再交給所有鏈上的系統修改。不僅如此，以比特幣為例，幾乎每分每秒都有新的區塊產生，因此要竄改交易就必須用比區塊更快的速度，一次修改51％以上的節點。這個運算規模就算是強力的超級電腦也做不到，所以實質上等於無法竄改。換個角度來看，這就代表「一旦記錄後就無法變更」，很適合用於不允許變更的記錄或證明。同時，交易者的資訊也被加密，雖然交易內容是公開的，但無法找出交易者的身分和位置，保證了匿名性。

區塊鏈不只能用於以虛擬貨幣為代表的公共交易，因為其無法竄改或變更的特性，又能用多台低成本低性能的系統組成一個不停機系統，因此很適合當成以銀行匯款或契約為主的帳簿管理機制，也已經有人在研究如何用區塊鏈打造私有系統。另外也很適合銀行的存款、換匯、支付等結算類業務，以及證券交易、不動產登記、契約管理等。

儘管區塊鏈技術正逐漸實用化，但跟金錢有關的交易或契約需要很高的安全性、可靠性、易用性，因此實際上有許多企業仍對區塊鏈的使用抱持謹慎態度。

❝❝ 區塊鏈與應用程式

可將貨幣、不動產、股票、證照等物價值／資產
放在網際網路上，不用特定管理者介入，
確保交易的安全和可靠性

應用程式
虛擬貨幣、電子投票、轉帳支付等

使用加密化和認證技術，
將區塊鏈功能融入商業流程的機制

區塊鏈
Ethereum、Hyperledger、Bitcoin Core 等

讓所有參與者彼此共同保管
價值與檢查價值交換行為的
程序及其實現機制

網際網路
虛擬貨幣、電子投票、轉帳支付等

交換資訊的程序及其實現機制

網際網路是種無須特定管理者即可「交換資訊的程序及其實現機制」，自1990年代開始在全球普及。換言之，網際網路實現了「資訊交換的民主化」。

而區塊鏈則被當成一種透過網際網路「讓所有參與者彼此共同保管價值與檢查價值交換行為的程序及其實現機制」來使用。

區塊鏈原本是為了確保比特幣交易公正性而開發的技術，但如今已脫離了比特幣，被當成確保各種交易行為公正性的機制來使用。具體來說，比如Ethereum、Hyperledger、Bitcoin Core等項目都是應用區塊鏈技術。

區塊鏈也跟網際網路一樣不需要特定管理的管理者介入，可以說是種實現「價值交換的民主化」的機制。

現在有很多不同的應用程式結合了區塊鏈和加密化與認證技術，這些應用程式不只有虛擬貨幣，還有轉帳支付、著作權管理、不動產交易、電子投票、電力買賣、貿易金融、鑑定書管理等。它們活用了區塊難以竄改，一旦記錄後就不能變更的特性，用以在網際網路上確保價值和資產可被安全、可靠地交易。比如下列這些服務。

轉帳支付	：Ripple
著作權管理	：Binded
電力買賣	：TransActive Grid
貿易金融	：National Trade Platform
鑑定書管理	：Everledger
虛擬貨幣	：BitCoin

同時也出現了以雲端提供區塊鏈功能的服務，其應用範圍比普通區塊鏈更廣，未來或許會成為社會與經濟的新基礎，扮演重要的角色。

數位貨幣

跟貨幣具有相同價值，
可像貨幣一樣使用的數位資料

電子錢包

可代替現金的數位貨幣。存在需事先儲值的預付型（prepaid），以及可跟信用卡連結的後付型（postpaid）

suica、au PAY、
WAON、PayPay 等

虛擬貨幣

不依賴國家（央行）流通，非中央集權的貨幣。不受國家或組織管理，由供需平衡決定價值

Bitcoin、Ether、
Ripple 等

CBDC
（中央銀行發行的數位貨幣）

以數位資料形式流通的國家（央行）發行法幣。比如日圓、美金、歐元、人民幣等法幣都在檢討和實驗CBDC的可行性

10

「**數**位貨幣」是「跟貨幣具有相同價值，可像貨幣一樣使用的數位資料」，分為「電子錢包」、「虛擬貨幣」、「CBDC」3個類別。除了「虛擬貨幣」外，其他2類不一定要以區塊鏈技術為基礎。

● 電子錢包

國家（央行）發行之法幣（台灣為新台幣）的替代物，大多屬於需要事先儲值法幣現金的預付式（prepaid），但也有可跟信用卡綁定的後付式（postpaid）。電子錢包可讓使用者用智慧型手機或IC卡等支付，不用攜帶現金，省去結帳時找零的困擾。另外，有些電子錢包服務還提供集點服務。比如JR東日本發行的Suica、永旺集團發行的WAON、KDDI發行的au PAY、PayPay株式會社發行的PayPay等。

● 虛擬貨幣

不依賴國家（央行）流通的貨幣，價值由使用者之間的供需平衡決定。在長期處於紛爭或政權頻繁更替的國家，法定貨幣的價值有可能一夕之間變成廢紙。而虛擬貨幣不依附於特定國家，在這類地區有時比法幣更可靠，因而被當成流通貨幣。但另一方面，虛擬貨幣常被當成投機工具，價值波動很大。這樣的虛擬貨幣交易使用了「區塊鏈」技術來確保交易的可靠性。

虛擬貨幣的種類繁多，目前代表性的種類有Bitcoin、Ether、Ripple等等。

● CBDC（Central Bank Digital Currency：中央銀行發行的數位貨幣）

以數位資料形式流通的國家（央行）發行法幣，可以減少印刷紙幣或鑄造硬幣等現金流通與銷毀時的成本，並有望透過防偽、自動留下使用紀錄的特性來防止逃稅行為。

目前新台幣、日圓、美金、歐元、人民幣等法定貨幣都在檢討和實現CBDC的可行性。

力圖打造自主分散式網際網路的 Web3

Web3
自主／分散式

擁有／參與
+
寫入
+
讀取

2021 年～
- ☑ 資料由個人或企業管理
- ☑ 資料應用範圍更多元
- ☑ 不透過平台商，自主拓展業務

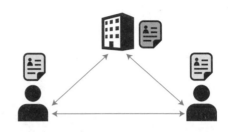

Web2.0
雙向／參與式

寫入
+
讀取

2004 年～
- ☑ 資料由平台商管理
- ☑ 資料應用範圍擴大
- ☑ 透過平台商拓展業務

Web1.0
單向式

讀取

1990 年～
- ☑ 資料由個人或企業管理
- ☑ 資料的應用範圍有限
- ☑ 只能發送資訊，商業用途有限

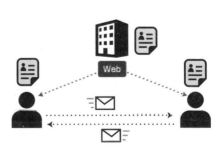

Web3從2021年下半年開始快速受到關注，是種描述新網際網路型態的概念。由於這個名詞才誕生不久，所以還沒有明確的定義，但硬要說的話，我認為Web3可以定義為「自主／分散式的網際網路」。也就是不需要依賴GAFAM等平台巨頭，分散管理資訊，並以民主方式運用資訊的概念。

● Web1.0

「單向式」的網際網路。在1990年代初期網際網路剛登場時，雖然WWW（World Wide Web）技術開始普及，任何人都能架設網站來發送資訊，但當時架設網站需要具備專門的技術，並非任何人都能輕易辦到。因此那時代的溝通方式是以電子郵件為主，幾乎不存在發訊者和收訊者的雙向互動。

● Web2.0

「雙向／參與式」的網際網路。這個名詞出現在2004年。當時，Twitter（現改名為X）、Facebook等社群網站和Youtube這種影片分享網站相繼問世，人們開始能夠自由在網路上發布資訊，而不需要具備任何專業知識。但在這便利性的表面下，資訊卻被經營這些服務的特定企業，即俗稱的平台商獨佔／寡佔，並任意使用，使得愈來愈多人開始擔心其中的資安風險。

● Web3

「自主／分散式」的網際網路。不依賴特定平台商，讓網際網路的參與者可以選擇自己擁有、運用資訊的概念。其背後的核心技術是「區塊鏈」。

使用「不依賴特定第三方也能安全記錄資料」的區塊鏈技術，將資訊的主權交給使用者，實現自主／分散式的網路。下一節將介紹的DAO（分散式自治組織）可以說是該時代的典型組織型態。另外，不依賴金融機構的金融交易（DeFi：Decentralized Finance）和不依賴平台商或特定組織的權利證明（NFT）等機制也相繼出現。

Web3和Web3.0原本是不同概念。Web3的理念是「將被平台商掌控的網際網路還給個人」。另一方面，Web3.0的目標是建立網頁可被機器理解的「語意網」。但也有很多人並未明確區分兩者。

Web3 時代的組織型態
DAO（分散式自治組織）

一般的
企業組織

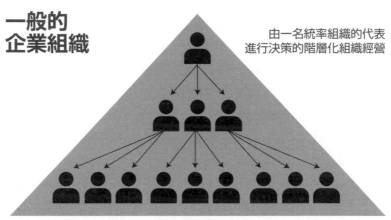

由一名統率組織的代表
進行決策的階層化組織經營

企業發行股份或選擇權，將獲利分配給創始成員或投資者的機制。僱員的
獎勵則是薪資

DAO
（分散式自治組織）

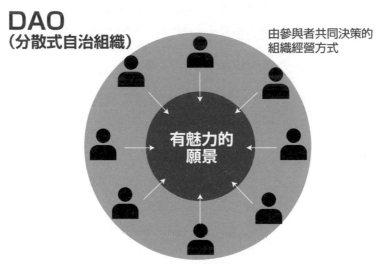

由參與者共同決策的
組織經營方式

有魅力的
願景

組織獲利分配給以各種不同形式做出貢獻的全體參與者。此分紅會激勵參
與者自發地為組織的成功做出貢獻

AO（Decentralized Autonomous Organization，分散式自治組織）是種「由贊同某個願景的人們集合起來，共同合作管理、經營的社群性組織」。

「以太坊（Ethereum）」是DAO的經典範例。2013年，時年19歲的維塔利克・布特林發表了「創造一個可用於任何目的的區塊鏈平台」的願景，吸引一群認同此想法的人們建立了社群。

他們各自發揮自己擅長的能力，比如寫程式、提供資金、規劃宣傳等，為這個社群做出貢獻。

DAO跟一般的企業組織不同，不存在階層化的組織架構和統率組織的單一代表者。參與者們不受任何人的指揮或命令，以自治的方式經營組織。

這套模式之所以可行，是因為以太坊用俗稱「治理代幣」的「虛擬貨幣」建立了一套機制。在這套機制下，所有持有治理代幣的人都有權力對DAO組織營運提出的提案或決策投票。

以太坊的「治理代幣」是「Ether（以太幣）」。持有以太幣的社群參與者都透過不同形式為這套系統做出貢獻，提高組織的價值。於是，作為虛擬貨幣的以太幣的價值也跟著提高，讓持有者們得到經濟上的回報。

前一節介紹的Web2.0的組織，比如Facebook、Google等新創企業，會發股票或選擇權給創始成員、員工、投資者，只要公司成功的話持有者就能得到經濟上的回報，以此激勵成員們努力工作，為組織貢獻。然而這套機制只有一部分的創始成員和投資者能得到報酬，領薪水的員工即使貢獻再大，回報也很有限。

另一方面，DAO會把利益分還給所有以不同形式為組織貢獻的參與者，激勵參與者自發地為組織成功做出貢獻。這套機制便是DAO的分散式自治組織得以運作的原因。

為數位資料賦予資產價值的 NFT（非同質化代幣）

不可偽造的鑑定書／所有證明書

可程式性：可以為數位資料添加各種附加功能
互操作性：標準規格化，可在任何地方操作
可交易性：可不依賴特定業者自由交易

價值保證風險：無法保證對象資料的價值
價值消失風險：依賴於特定服務時，當服務消失價值也會消失
法律風險：在法律上不被視為資產

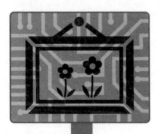

NFT
Non-Fungible Token
非同質化代幣

☑ 內容的標題
☑ 內容的相關說明
☑ 發行的數量或價格

☑ 內容的建立日期
☑ 作者名稱　等

── NFT 交易市場 ──

外國　OpenSea　GhostMarket
　　　　Rarible　SuperRare　　**日本**　Coincheck NFT
　　　　Makersplace　Valuables 等　　　　Nanakusa 等

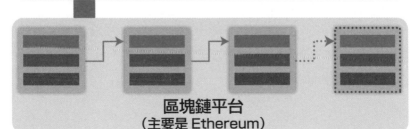

區塊鏈平台
（主要是 Ethereum）

在過去，數位音樂或繪畫等數位藝術因為是數位資料（以下簡稱資料），故可被輕易複製、修改，不具有跟實體珠寶或繪畫等同樣的資產價值。於是，後來出現了運用區塊鏈技術來為特定資料賦予「不可偽造的鑑定書／所有證明書」的「NFT（Non-Fungible Token，非同質化代幣）」。順帶一提，「非同質化」就是「不可替代、獨一無二」的意思。

只要使用NFT，即便是資料也能具有「明確所有者」和「非同質性」，繼而獲得「稀缺性」，產生資產價值，變得可以交易。

NFT具有以下3個特徵。

❖ 可程式性：可以為數位資料添加各種附加功能。比如當某個人以前購買了某樣藝術品，後來決定將其轉賣，在過去創作者無法從中獲得任何收入，但現在只要在NFT中加入「每次交易時抽取一部分佣金」的程式，即可持續為作者帶來收入

❖ 互操作性：NFT的規格是共通的，可以在任何地方操作。但目前在技術上還不完整，必須注意

❖ 可交易性：可不依賴特定業者自由交易，不受國家或既有行業的規定、規則框架束縛

儘管NFT具有以上潛力，但也存在以下3個風險。

❖ 價值保證風險：NFT僅能證明資料的「獨一無二」，卻不保證其價值。比如跟創作者無關的第三者仍能任意複製作品，並擅自鑄造NFT；也曾有將小孩的塗鴉資料化後，鑄造NFT放到市場上買賣的案例

❖ 價值消失風險：當附加NFT的資料依賴於特定服務時，若這個服務本身消失的話，資料的價值也會消失。比如史上第一篇Twitter推文當初以約8000萬台幣賣出，但Twitter消失的話這篇推文也會失去價值

❖ 法律風險：附加NFT的資料在法律上不被視為資產。因此不論發生任何問題或糾紛都只能自己負責

雖然NFT還存在不少課題，但也具有為資料賦予資產價值的可能性，未來也許會創造全新的產業。

現實世界和虛擬世界融合的元宇宙

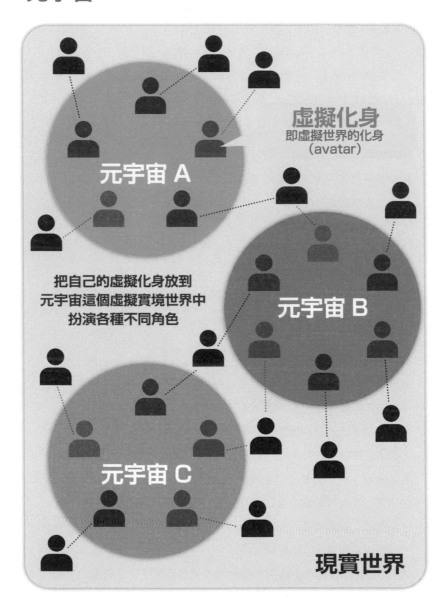

虛擬化身
即虛擬世界的化身
（avatar）

元宇宙 A

元宇宙 B

元宇宙 C

把自己的虛擬化身放到
元宇宙這個虛擬實境世界中
扮演各種不同角色

現實世界

元宇宙（Metaverse）是「Meta＝在～之上的」和「Universe＝宇宙」這2個英文字組合而成的詞彙，可以理解成建立在網際網路上的虛擬空間，並讓人在其中遊玩、交流、做生意的世界。這個名詞在Facebook的創始人馬克・祖克柏宣布將致力於元宇宙事業，並將公司改名為「Meta Platform」後開始廣受關注。

元宇宙被認為始於2003年問世的網路遊戲「第二人生」，另外後來登場的人氣遊戲「要塞英雄」和網路遊戲平台「Roblox」等也算是元宇宙的先驅。

因為同樣是在虛擬空間中的網路遊戲，有些人認為「FF14」和「勇者鬥惡龍X」應該也可以算是元宇宙，但這些作品純粹只是遊戲，只在設定好的劇本範圍內擁有有限的自由。而元宇宙則跨出了這個範圍，參與者可以創造自己的劇本，並且劇本會自我增殖擴散，創造出跟遊戲無關的獨創世界。雖然兩者在這點上有所不同，但也不是嚴格的區分。

元宇宙在VR技術的發展和大容量的高速5G網路普及助力下，未來應用範圍有可能會擴大，比如可以做到以下這些事。

❖ 用跟真人面對面般的體驗開遠距會議
❖ 在元宇宙中試用、試穿，並購買產品
❖ 用跟他人同處一地般的感覺一起享受現場表演

隨著數位技術更加發達，圖片和影像變得更加細緻，可以自然表現周圍的風景、人物的動作和表現後，現實世界和虛擬世界的邊界將變得模糊。同時，人們在元宇宙中不會被現實世界的規範、習慣、性別、種族等束縛，可以變成完全不同的自己。另外，人們也可以在元宇宙中測試有風險的實驗，並應用實驗成果讓現實世界變得更加舒適。當兩者的關係變得緊密，分界變得模糊，最終融合為一後，甚至有可能從根本上改變社會的樣貌。

雖然目前還存在許多技術上的課題，世人也無法馬上接受，但元宇宙絕不只是遊戲的延伸，而有可能成為新的社會、經濟或是社群的基礎。

電腦的新型態：神經型態電腦

綜合的知識處理能力

傳統電腦	神經型態電腦
邏輯式／分析式思考	感覺／型態辨識

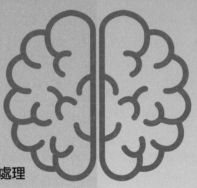

數學計算
語言理解
構造理解

圖像辨識
聲音辨識
文字辨識

多元的資訊處理
消耗電力大
大規模的數值演算

高可靠性
消耗電力低
高速的機器學習／推論

由雲端提供等

搭載在 IoT 裝置等

「**神**經型態電腦（Neuromorphic Computer）」是種由模仿大腦神經元細胞的電子迴路組成的電腦。生物的神經元透過「電脈衝」來傳遞訊息，而神經型態電腦則試圖用電子迴路來模仿此機制進行資訊處理工作。

人類的大腦存在大約1,000億個神經元，每個神經元都相互連接，形成巨大的網路（神經網路）。神經元的連接部位叫突觸，而人類腦中的突觸一共有1,000兆之多，消耗的能量卻非常小，甚至比1顆燈泡還少。

大腦在學習新事物時，突觸間的信號傳遞難易度（連接強度）會改變。而這會改變神經元之間的資訊傳遞難易度，形成可對特定資訊的刺激產生強烈反應的神經網路。比如，人的大腦中分別存在著只會對人臉、蘋果、貓咪等視覺資訊產生強烈反應的神經網路。大腦便是利用此原理來記憶和處理資訊。跟傳統電腦把記憶迴路跟運算迴路分開，需要消耗大量電力在兩者之間傳送資料的方式相比，模仿大腦的資訊處理方式可以大幅提高能量效率。

此「神經型態電腦」不僅能以高速且省電的方式進行機械學習和推論，而且就算一部分的迴路出現故障，也有大量的迴路可以補上來代替，確保極高的可靠性。運用這項特性，將神經型態電腦安裝在智慧型手機或智慧手錶等穿戴式裝置、汽車或家電等IoT裝置上，將有望在不依賴雲端的情況下進行高水準地知識處理。

另外，若以人類的大腦來比喻，傳統的電腦就相當於主掌邏輯性、分析性思考的左腦，而「神經型態電腦」相當於主掌感覺、型態辨識的右腦。結合這兩者，將有望實現媲美人腦的知識處理性能。

雖然目前還無法達到人腦的規模，但世界各國都已經展開研究，並公開許多成果。

我們需要量子電腦的理由

使用物理運動計算抽象的「數」的工具

物體的運動

蒸氣機或電動力

電子的運動

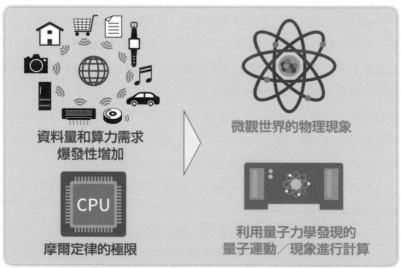

資料量和算力需求
爆發性增加

CPU

摩爾定律的極限

微觀世界的物理現象

利用量子力學發現的
量子運動／現象進行計算

「**數**」是個抽象的概念，要直接計算並不簡單。因此，古人們運用智慧，想出了用「推動物體」的物理現象來代表「數」並進行計算。比如，要均分籃子裡的魚時，只要輪流從籃子拿出魚擺到5個人面前，就能完成除法。不僅如此，我們還可以用一顆石頭代表一條魚來進行相同的計算。然而，因為不是隨時都能找到合適的石頭，所以古人們發明了算盤這種可以隨身攜帶的工具。

然而，「推動物體」的物理現象無法處理大規模且複雜的計算。於是出現了用齒輪來計算的工具。緊接著又出現用手、發條、乃指蒸汽機轉動齒輪的工具。然後又有人想出巧妙組合不同齒數的齒輪，透過切換齒輪來進行複雜且大規模計算的工具。這段歷史以「機械鐘」的型態傳承至今。然而，用齒輪很難實現用高速完成大規模且複雜的計算。因此，又發明了利用「電磁力」的物理現象，也就是利用開關的組合進行計算的工具。

現在我們所用的電腦就是利用「電磁力」的物理現象進行運算，但電腦發展至今已遇上2大難題。

第1個難題，是資料量和算力需求爆發性增長。典型的例子是IoT。IoT的普及會產生龐大資料，而科學家又嘗試用機器學習去分析這些資料。

第2個難題，是「摩爾定律」迎來極限，電腦的性能將愈來愈難提高。「摩爾定律」是「同尺寸晶片上的電晶體密度每18～24個月就會翻倍，使晶片處理能力翻倍並變得更小」的經驗法則。這個定律是以半導體微細加工技術的進步為依據，但當微細化到原子等級時，這個定律將不再適用，且逐漸成為現實。

作為能同時解決「算力需求的爆發性增長」和「摩爾定律的極限」這2項課題的方法，「量子電腦」近年愈來愈受關注。量子電腦是利用「量子」在微觀世界發生的物理現象進行計算的電腦，雖說會因運算類型而異，但整體上運算能力有望達到使用「電磁力」現象的傳統電腦的數億倍～數兆倍。

量子電腦與古典電腦

物理學／力學

量子物理學
（量子力學）

原子和電子
基本粒子的性質等

近似

古典物理學
（古典力學）

運動的力和作用
電磁力的性質等

量子電腦
（量子計算機）

利用量子力學的
物理現象計算

近似

古典電腦
（古典計算機）

利用古典力學的
物理現象計算

電腦

「**量** 子電腦」是利用量子物理學（又叫量子力學）的物理現象進行計算的電腦。

所謂的量子物理學，是專為解釋比構成這世界的物質更渺小的原子、電子、光子、基本粒子等微觀世界的物理現象而建立的理論。由於這些構成微觀世界的存在比物質更微小，又同時具有「粒子」的性質和「波動」的性質，因此被稱為「量子（quantum）」，用以跟「物質」區別。而這個宇宙發生的所有現象，究其根本全都是量子的運動，所以量子物理學幾乎可以解釋宇宙中全部的物理現象。

另一方面，我們平常所見的宏觀世界是由幾億、幾兆個原子聚集而成的世界，而這個世界的物理現象可以用古典物理學（又叫古典力學）來解釋。比如物體的墜落、電流流動、地球繞著太陽公轉，這種種宏觀的物理現象雖然也可以用量子物理學說明，但這麼做的話計算會變得非常複雜和龐大，所以一般會用簡化過的近似計算代替。為此而誕生的就是古典物理學。換言之，古典物理學是量子物理學的近似理論，只不過宏觀世界的物理現象用古典物理學來算的話計算量更少，而且精度在實務上也足以解釋，所以大部分還是使用古典物理學。

現 代的電腦也是利用可以古典物理學解釋的物理現象來運作，因此被稱為「古典電腦」。

古典電腦利用的物理現象是「電路的開／關」。另一方面，量子電腦利用的物理現象是「粒子」和「波動」。由於這個差異，科學家認為量子電腦可以實現古典電腦無法實現的超高速運算。

同時，因為宇宙發生的一切現象都遵循量子物理學，所以量子電腦在理論上可以計算量子力學的基礎方程式，以非近似的方式嚴密計算所有物理現象。如此一來，不只能加快計算速度，還有望執行古典電腦辦不到的計算，比如解開物理現象的原理或化學合成（量子化學計算）等等。

" 3 種量子電腦

古典電腦 利用古典力學的 物理現象計算	通用性（糾錯能力）　：X 量子優越性　　　　　：X 量子特有的物理現象　：X	一般的 CPU GPU　FPGA 馮紐曼模型
		神經型態

量子電腦
利用量子力學的物理現象計算

通用型量子電腦 有糾錯能力的量子電腦	通用性（糾錯能力）　：○ 量子優越性　　　　　：○ 量子特有的物理現象　：○

可進行通用的量子計算的量子電腦。由於雜訊的影響會愈來愈大，故必須具備在計算途中更正錯誤（error）的能力（糾錯能力）

非通用量子電腦 NISQ 量子電腦	通用性（糾錯能力）　：X 量子優越性　　　　　：○ 量子特有的物理現象　：○

無法進行通用的量子計算，但能進行一部分的量子計算，且相對古典電腦具有優勢的量子電腦。尚不具備或糾錯能力不充分的量子電腦

量子閘式

非馮紐曼模型

專用量子電腦 量子退火電腦	通用性（糾錯能力）　：X 量子優越性　　　　　：X 量子特有的物理現象　：○

使用量子力學特有之物理狀態進行計算，或以此為目標的電腦。相對古典電腦尚未表現出優越性的電腦

易辛模型

在理論上，量子電腦是可以計算這世界一切的通用電腦。但要做出量子電腦並不容易，包含解決方法在內，目前全世界都還在研究中。

● 通用型量子電腦

可以計算所有量子物理學基礎方程式的電腦。目標是透過正確操作量子的行為來實現。要做出通用型量子電腦，就必須讓量子的運動暫停一段時間，同時還必須能在錯誤發生自動糾正（糾錯能力），但目前還沒找到有效的解決方法。

● 非通用型量子電腦

儘管通用型量子電腦擁有巨大可能性，但目前看來還需要很長一段時間才能具備糾正錯誤（或雜訊）的能力。因此，現在有些團隊也嘗試先做出「有雜訊的中等規模量子電腦」，並尋找這類電腦的用途。這種電腦俗稱「NICQ（Noisy Intermediate Scale Quantum）」，被認為應該不用等太久就能實用化。

● 專用量子電腦

專為快速計算解決「組合最佳化問題」開發的電腦，又稱「量子退火電腦」。

「退火」原本是「金屬加熱後再慢慢冷卻」的意思，而量子力學參考了這個物理現象的原理，借用這個詞來描述可快速對「組合最佳化問題」求解的計算方法。所謂的「組合最佳化問題」，指的是「在各種限制條件下，從眾多選項中找出最佳的某個指標或數值組合的計算問題」，其應用範圍很廣，比如計算運輸成本最小的配送路徑、機器學習演算法的學習過程、找出表現最好的金融商品組合等。

而因為量子退火電腦利用了量子物理學的性質來計算問題，所以被歸類為量子電腦，目前已有市售產品，也有公司開始使用。

量子電腦這麼快的原因

古典電腦

0 1 0 1

開關的 On/Off

16次驗證

用微細加工技術將大量的電晶體
塞入半導體晶片，提高計算速度

電晶體大小愈來愈接近原子尺寸，
很難再繼續縮小

找出能解鎖的組合

量子電腦

1 1 1 1

開關的 On/Off

1次驗證

增加量子疊加和量子位元數，
使計算速度以指數增長

難以在保持量子疊加態穩定的狀態下
增加量子位元數，仍在摸索解決之道

古典電腦和量子電腦執行計算的最小單位完全不同。在古典電腦中，計算的最小單位叫「位元（bit）」，用於表示「『0』或『1』的狀態」。另一方面，量子電腦的最小單位叫「量子位元（quantum bit）」，是同時表示「『0』或『1』兩者狀態」的單位。量子位元利用了量子物理學中被稱為「疊加」的性質。

比如，若用古典電腦計算某個4位元的組合，將需要進行16次計算。然而在量子電腦中，因為可以同時處理「『0』或『1』兩者狀態」，所以只需要1次就能算出所有可能組合。

在古典電腦中，當上述問題中要計算位元數（n）增加時，所需的計算次數就會變成2^n次，計算量以指數增加。然而在量子電腦中，只要增加量子位元的數量就能增加可以1次算完的位元數，所以計算速度有可能遠遠超過古典電腦。

因此，目前科學家正努力研究如何增加量子位元數。但量子電腦就跟古典電腦一樣，計算時必然會發生錯誤。如果不能在計算時糾正錯誤，就無法保證計算精度。儘管量子電腦在計算時發生的錯誤大約只有0.1～數%，但目前還幾乎沒有糾正的方法。

同時，雖然量子電腦的計算速度很快，但光是速度快並不一定就能算出需要的答案，還需要建立可以算出想要答案的量子電腦專用演算法才行。現階段科學家還只有找到能高速計算「質因數分解」和從大量資料中找出符合特定條件之資料的「量子探測（quantum probing）」的演算法，未來還有很多路要走。即便如此，使用這個演算法仍有可能讓解讀密碼和搜尋資料的速度大幅提升數個數量級，為商業和社會帶來巨大衝擊。

但量子電腦的問世並不會完全取代古典電腦，而是迎來兩者各有所長、各司其職的時代。雖然還在研究途中，但在不遠的將來，量子電腦或許會從根本上改變運算的常識。

結語

　　看到「數位轉型」這4個字，相信不少人會有種遇到詐騙集團的感覺。

「不就是遠距辦公嗎？已經在做了啦。」
「又來？我們公司已經在IT投入了不少預算，現在說這個太晚了啦。」
「社長是有下令要做，但具體到底是要我們做什麼啊。」

　　就算還不至於到那種地步，相信也有些人會覺得整個日本就像中了數位轉型的集體催眠，對於使用這個詞彙感到抗拒，不願意靠近。

　　之所以會有這種感覺，或許是因為你正在經歷「語言的靈魂出竅」。這種體驗就像是在對一具靈魂脫離了肉體，只剩下空殼的身體詢問「你是誰」。不論你怎麼問它，這具空殼都不會回答你。這個肉體不會告訴你它在活著的時候經歷過什麼、有什麼興趣、過著怎樣的生活。你唯一能知道的，就只有掛在它頸上的名牌寫著的姓名。而它的名字就是「數位轉型」。

　　人們只是看著具空殼子表面的「文字」，然後發揮想像力，用自己的經驗和知識去解釋，最後找到一個理論自圓其說，就認為自己搞懂了它的意思——你是否也是如此呢？

　　不只是數位轉型，還有「雲端」、「AI」、「IoT」等詞彙，你是不是也對它們做過同樣的事呢？不僅如此，你是否還曾因為它們「很難懂」而放棄理解，用主觀的解釋做出錯誤的判斷呢？如果你在遇到「零信任」、「區塊鏈」等陌生術語時只因為「看起來很艱深」就逃離它們，就等於主動遠離原本唾手可得的寶藏。

　　你應該把出竅的靈魂喚回它們的肉體，讓它們重新活過來。而要讓一個詞彙活過來，就要了解它的背景和本質。然後，再讓它們成為你的幫

手。如此一來就能創造新事業、提升業務效率、改變工作方式。而客戶的滿意度和員工的工作意願也會提高,繼而改善業績。

而本書便是一本咒語書,收錄了各種替靈魂出竅的詞彙找回靈魂的咒文。

相信讀完本書的讀者應該都能理解我想表達的意思。本書的用意不是要像字典那樣介紹每個名詞的定義,而是將這些詞彙的背景和本質跟商務結合,促進讀者的思考。為什麼這項技術會被發明、它是用來做什麼的、它可以帶來何種價值,這種種「背景和本質」才是這些詞彙的靈魂。這便是本書心心念念想告訴讀者的事。

除此之外,這裡還有一件衝擊性的事實必須告訴各位。

「這本書上寫的東西,很快就會過時。」

我好不容易耐著性子讀完,你居然現在才告訴我這件事──或許有的人會忍不住破口大罵。但這就是現實。不過,相信你在這本書中學到的知識,將成為指引你得到其他知識的道標。當你擁有夠多的道標後,就能連結到更多的知識,使知識加速度成長。

若沒有道標指引,新知識將會從你面前錯身而過。而道標就是防止它們逃走的陷阱。所以,就算本書寫的內容有一天過時了,你也不需要感到沮喪。

相反地,你應該積極地使用所擁有的道標去拓展知識,並建立屬於你自己的道標,持續更新它。這便是所謂的「掌握趨勢」。

雖然現在大家都在高唱數位轉型,但唯有不被數位轉型這個詞牽著鼻子走,想清楚企業經營的「理想姿態」,然後從中找出數位科技的可能性,才能實踐數位轉型。請千萬不要忘記這件事。

IT趨勢正是為了實現這個時代潮流而進化。所以，本書一開頭沒有介紹當前的IT趨勢本身，而是介紹催生趨勢的原動力，即當前的時代背景，以及數位的定義和數位轉型的本質。因為如果不先搞懂這點，就無法為後面的科技術語找回靈魂。

技術評論社的編輯村瀨光先生負責了本書的編輯工作，他一直耐心地在支持著我。儘管我多次耽誤約好的交稿日期，但他從未抱怨（雖然內心八成在大聲尖叫），還給予我許多寶貴的建議。

OPTIC OPUS的代表杉本マコト先生負責了自本書初版以來的裝幀、插圖、版面設計等工作。本書得以跟往常一樣做得如此漂亮精美，都得歸功於他的品味。

對於上述諸位的幫助，我的內心充滿感激之情。真的非常謝謝你們。

在撰寫本書的過程中，我一直盡可能確保內容「易懂」並且「易用」。然而，諸如Web3和元宇宙等新詞彙，由於社會上尚無廣泛確定的定義，因此解釋起來並不容易。同時，我也試圖加入一些契合當下時代的關鍵詞，但因為範圍很廣，變化又很快，所以直到最後我都在煩惱自己的選擇是否適當。當然其中可能存在一些因個人見識不夠而導致的錯誤。這些都是身為作者的我的責任。

最後，我衷心希望本書能為你使用的言語增加靈魂的光輝。然而，接下來才是真正的挑戰。我希望各位能思考自己應該做什麼，並實際做出改變。對於這一點，本書或許幫不上什麼忙，但我相信那些得到靈魂的詞彙一定會成為你的助力。

非常感謝你閱讀本書。

2022年8月末日

齋藤 昌義

索引

著者介紹

● 齋藤昌義

NetCommerce 株式會社代表取締役。

1982 年進入日本 IBM 營業部門，負責一部分上市電子相關企業的業務。後轉任營業企劃部門，直到離職。

1995 年創立 NetCommerce 株式會社，就任代表取締役。從事產學合作事業、扶植新創企業、為大型 IT 解決方案供應商謀劃經營戰略、協助營業組織的改革、人才培育和商業教練、客戶企業的資訊系統企劃和戰略謀劃等工作。IT 從業者組成的救災志工團體「一般社團法人 ‧ 資訊支援救難隊」代表理事。

著有《未来を味方にする技術（讓未來眷顧你的技術）》、《システムインテグレーション再生の戦略（系統整合重生戰略）》、《システムインテグレーション崩壊（系統整合崩壊）》（皆由技術評論社出版）等書籍，以及眾多雜誌文章、採訪、講義、演講等等。

【官方網站】https://netcommerce.co.jp/

【部落格】http://www.netcommerce.co.jp/blog/

【Facebook 主頁】https://www.facebook.com/solution.sales

【IT 商務‧演示‧資料庫／LiBRA】

http://libra.netcommerce.co.jp/

國家圖書館出版品預行編目資料

圖解IT大全：掌握數位科技趨勢,透視未來商
業模式的148個關鍵/齋藤昌義著；陳識中
譯. -- 初版. -- 臺北市：臺灣東販股份有限
公司, 2023.12
384面；14.8×21公分
ISBN 978-626-379-138-1(平裝)

1.CST: 數位科技 2.CST: 資訊科技 3.CST:
產業發展

312   112018460

日文版STAFF
●裝幀、內文設計、DTP   杉本マコト（OPTIC OPUS Co,.Ltd）
●企劃、編輯   村瀨光

圖解IT大全

掌握數位科技趨勢，
透視未來商業模式的148個關鍵

2023年12月1日初版第一刷發行
2024年 3 月1日初版第二刷發行

著　　者　齋藤昌義
譯　　者　陳識中
副 主 編　劉皓如
發 行 人　若森稔雄
發 行 所　台灣東販股份有限公司
　　　　　＜地址＞台北市南京東路4段130號2F-1
　　　　　＜電話＞(02)2577-8878
　　　　　＜傳真＞(02)2577-8896
　　　　　＜網址＞www.tohan.com.tw
郵撥帳號　1405049-4
法律顧問　蕭雄淋律師
總 經 銷　聯合發行股份有限公司
　　　　　＜電話＞(02)2917-8022